LES LOGIQUES
DE LA DÉPRESSION

OUVRAGES DU MÊME AUTEUR

Le Psychodrame chez l'enfant, PUF, 1962.
L'Interprétation des dessins d'enfants, Bruxelles, Dessart, 1965.
Freud et le problème du changement, PUF, 1970.
L'Identité du psychanalyste, édité en collaboration avec Edward D. Joseph, PUF, 1978.
Psychoanalysis in France, édité en collaboration avec S. Lebovici, New York, International University Press, 1980.
Métapsychologie du sens, PUF, 1986.
La Dépression, une maladie, édité en collaboration avec M. C. Hardy, Hermann, 1989.
Les Psychotropes, une manière de penser le psychisme, coll. « Les empêcheurs de penser en rond », Synthélabo, 1990.

Daniel Widlöcher

LES LOGIQUES DE LA DÉPRESSION

Fayard

La première édition de ce livre a paru en 1983 dans la collection « Le temps des sciences ». A l'occasion de cette nouvelle édition, le texte original a été relu, corrigé et actualisé.

Introduction

La dépression constitue un problème majeur de santé publique. Dans le monde, on estime qu'environ cent millions de personnes souffrent à tout instant de troubles dépressifs qui seraient suffisamment graves pour nécessiter des soins. Dix à vingt pour cent des individus présenteront à un moment ou à un autre de leur existence des signes nets de dépression. Quelques réserves que l'on puisse faire sur la manière dont ces estimations sont établies, elles risquent plus de pécher par défaut que par excès et nous verrons que l'ampleur du phénomène est sans doute croissante. Or, depuis une quarantaine d'années, des thérapeutiques physiques et chimiques se sont révélées d'une grande efficacité. En outre, nos connaissances dans le domaine de la physiologie du cerveau progressent depuis vingt ans à un rythme tel que leurs applications à l'étude de la dépression évoluent constamment. On comprend, dans ces conditions, que les recherches, publications et travaux scientifiques se soient multipliés. Des revues scientifiques internationales sont entièrement consacrées à ce sujet.

Toutefois, ces progrès n'ont en rien atténué les débats souvent passionnés qu'alimente depuis des décennies la question de la dépression. On comprend qu'un authentique bond en avant des connaissances soulève évidemment plus de questions nouvelles qu'il n'apporte de réponses. Si les médicaments guérissent environ 60% des états dépressifs, qu'en est-il du tiers restant ? Nous ne savons toujours pas quelles sont les structures nerveuses impliquées dans ce mécanisme. Mais il y a plus : la dépression, dans ses formes les plus habituelles, vient affecter brutalement une personnalité que rien ne distinguait des autres, les circonstances qui président à son déclenchement n'ont souvent rien d'exceptionnel. En l'absence de thérapeutique, elle tend le plus souvent à disparaître après quelques mois ou quelques années d'évolution, et la personne retrouve son mode de pensée habituel.

Mais les signes de la dépression réalisent une amplification d'un état de tristesse et de désintérêt que chacun connaît. Et même lorsque cette amplification prend un tour extrême, lorsque des idées de persécution se font jour ou que se manifeste un véritable état de stupeur, le tableau clinique demeure compréhensible : il est l'exagération d'un état normal. En outre, dans un très grand nombre de cas, la dépression n'est pas survenue inopinément. Elle apparaît en relation avec une situation ou un événement douloureux. Bien plus, si l'on sait écouter le déprimé, en dépit de l'exagération, on peut saisir que ses plaintes ou les reproches qu'il s'adresse ne sont pas sans rapport avec ses préoccupations habituelles et avec sa situation. Bref, plus qu'aucun autre trouble mental, la dépression apparaît certes comme une « erreur » de la pensée et de la sensibilité, mais comme une erreur *intelligible*. Nulle différence radicale ne la sépare d'une expérience humaine universelle marquée par le pessimisme et le désintérêt. Cette expérience humaine est certes provoquée le plus souvent par les réalités quotidiennes, les inévitables malheurs de l'existence, mais elle participe aussi bien de toute méditation sur l'inanité du monde. Il existe une spiritualité de la dépression.

Il y a là un paradoxe. D'une part, un trouble vient se saisir d'un individu ordinaire qui peut avoir, par ailleurs, n'importe quelle forme de personnalité, normale ou pathologique – trouble que des médicaments guérissent rapidement dans la majorité des cas. Mais, d'autre part, il s'agit d'une rencontre avec le désespoir qui relève des formes les plus nobles de l'expérience de la condition humaine. D'un côté une « maladie mentale », la plus typique peut-être ; de l'autre un état moral, des plus humains sans doute. Ce paradoxe a longtemps été surmonté tant bien que mal par un artifice simplificateur. On a cherché à opposer deux états : une maladie mentale, d'origine cérébrale, et un trouble psychologique lié aux événements de la vie et à la personnalité du sujet. On retrouvera cette distinction, implicite ou explicite, dans la presque totalité des classifications qui ont été proposées entre dépressions endogènes et réactives, entre dépressions psychotiques et névrotiques, entre formes primaires et secondaires – toutes classifications qui mériteront une analyse critique approfondie.

Un tel dualisme trouve dans la clinique une justification indiscutable. Il est vrai que, dans certains cas, le processus pathologique nous frappe par son extériorité au regard de la personnalité du sujet. La répétition des accès semble indépendante de toute condition psychologique. Ailleurs, le processus apparaît clairement comme une réponse à la situation qui la motive. Mais cette distinction ne se manifeste clairement que dans les formes graves, et même dans ces cas, il existe une intrication entre les deux séries de facteurs, biologiques et psychologiques. Le fait majeur, à cet égard, est précisément l'action de la thérapeutique chimique qui est efficace dans des dépressions motivées par des conditions psychologiques.

Ceci n'empêche pas que l'idée d'un dualisme fondamental entre les deux formes de dépression demeure très fortement ancrée. Il est vrai que si l'on refuse une telle dichotomie, on se heurte à des contradictions qu'il est difficile de surmonter. On est alors exposé à deux formes de réductionnisme.

La première consiste à ne voir dans la dépression que son mécanisme biologique et à tenir les facteurs psychologiques pour des événements accidentels, qui ne jouent qu'un rôle d'éléments provocateurs. Outre l'inconvénient de fermer la voie à toute recherche qui ne serait pas liée à ce mécanisme, le risque est ici de « médicaliser » à l'excès la dépression et d'en réduire la prévention et la thérapeutique à la médication chimique.

Mais il faut bien voir que la négation du facteur biologique constitue une autre forme de réduction. Une enquête de Rippere, citée par Villeneuve (1979) [1], portant sur des étudiants et des enseignants en psychologie d'une université américaine, montre que 100 % des personnes interrogées reconnaissent que la plupart des gens sont déprimés à une époque ou à une autre de leur existence. Mais, si 91 % estiment qu'être déprimé ne signifie pas simplement se sentir malheureux, 83 % jugent qu'il est préférable de résoudre soi-même sa dépression plutôt que de s'adresser à un psychiatre, 82 % ont l'impression que l'aide d'un ami est plus utile que celle d'un médecin, et 93 % pensent que la guérison d'une dépression est surtout attribuable aux efforts de l'individu lui-même.

Un tel point de vue est loin d'être isolé. Il témoigne d'une négation du facteur biologique. Les raisons en sont aisées à comprendre. Le patient déprimé perçoit une cohérence logique entre son humeur et les circonstances de son existence. Il lui répugne de penser qu'une action chimique sur le cerveau puisse intervenir si puissamment sur sa sensibilité et la logique de sa pensée. Il oublie qu'en recourant à l'alcool, au tabac ou au café, il utilise également des produits chimiques qui agissent sur le fonctionnement des structures ner-

1. A. Villeneuve, *Aspects modernes des troubles de l'humeur*, L'Encéphale V, Fascicule 5.

veuses en vue de modifier son état mental. Il lui déplaît de penser que son libre arbitre dépend de l'activité de ces structures.

Certains cliniciens partagent ces réserves quand ils expriment la crainte que la guérison « chimique » occulte les difficultés psychologiques. Cette crainte dissimule souvent l'intérêt exclusif qu'ils portent à l'analyse psychologique et à la psychothérapie. On voit bien que derrière le débat théorique entre organogenèse et psychogenèse se profile une opposition entre deux formes de curiosité scientifique et deux modes de pratique clinique fondés sur des traditions d'école et des enseignements différents, mais, aussi, sur des aptitudes et des goûts intellectuels distincts.

En réalité, la position dualiste et le débat entre organogenèse et psychogenèse témoignent d'une même difficulté à maîtriser l'idée que l'action humaine dépend également du fonctionnement cérébral et des échanges d'information avec le monde. On admet l'existence du cerveau lorsque l'idée de maladie s'impose, et le recours au médicament se trouve alors justifié. Lorsque prédomine la représentation d'une pensée libre organisant un monde de significations qui se développe en interaction avec la réalité historique et sociale, on oublie le cerveau qui réalise cette pensée. Exemplaire querelle en somme que celle qui, à propos d'une réalité clinique bien concrète et d'un problème de décision thérapeutique, illustre le débat permanent que soulève pour l'homme la question des rapports entre la pensée et le corps.

Si nous demeurons sur le plan métaphysique, il y a fort à parier que l'étude de la dépression ne nous avancera guère et que les présuppositions idéologiques continueront à entretenir le débat. Et les empiristes auront beau croire que la simple étude des faits nous dispense de répondre à pareilles questions, ces présuppositions continueront d'exercer une influence décisive sur nos théories et notre pratique. Un moyen d'échapper à ce dilemme est de déplacer le débat et de le situer sur le plan de la logique.

Si la dualité entre explications biologique et psychologique demeure difficile à concevoir, c'est que patients et médecins situent trop souvent sur le même plan le problème de la cause et celui du mécanisme. Dire : « Cet homme est déprimé parce qu'il existe une anomalie chimique qui modifie le fonctionnement de certaines structures cérébrales », et dire : « Il est déprimé parce qu'il a perdu son emploi », ne constituent pas des explications concurrentes. Elles obéissent en réalité à deux logiques différentes. Le premier énoncé constitue une explication du mécanisme. Il tente de répondre à la question : « Comment se produit le comportement dépressif ? » Le second est une proposition causale. Il cherche à répondre à la question : « Pourquoi se met en place un comportement dépressif ? » Pour véritablement confronter les deux propositions, il convient de transformer l'un ou l'autre énoncé en termes de cause ou de mécanisme.

En termes de causalité, le second énoncé est très clair : l'événement survenu dans l'existence du sujet a déclenché la dépression. Il s'agit bien d'une cause au sens de Newton ou de Hume, dans la mesure où l'événement causal est indépendant de l'objet qu'il transforme. De ce point de vue, le premier énoncé ne se réfère pas à un antécédent causal. Il faudrait pouvoir dire : « En raison d'une perturbation *x*, une anomalie chimique est apparue dans le cerveau, qui produit la dépression. » En termes d'antécédent causal, on peut donc discuter de l'importance respective de l'événement psycho-social que représente la perte de l'emploi et de l'événement biologique hypothétique que représente la perturbation *x* initiale. Il est permis de comparer ces événements de nature différente. Mais, en termes de mécanisme, le premier énoncé est tout à fait clair et c'est le second que nous devons transformer en disant, par exemple : « Il est déprimé parce qu'en permanence le souvenir de la perte de son emploi, la conscience de son manque actuel d'occupation et la blessure d'amour-propre qui en résulte créent un sentiment de vide, une absence de projet, un désintérêt et une accumulation de reproches envers soi-même et les autres qui constituent l'expérience dépressive. »

L'antagonisme entre les deux explications est d'autant plus difficile à comprendre, qu'il n'y a pas équivalence entre les deux séries d'événements. Nous nous trouvons devant deux ordres de phénomènes mutuellement dépendants mais qui obéissent pourtant à des règles de nature tout à fait différente. Nous sommes alors contraints, pour comprendre la dépression, de recourir à deux systèmes d'analyse qui relèvent de deux logiques différentes.

Ce qui complique encore la question, c'est que nous ne sommes pas confrontés à deux, mais à de *nombreuses* logiques différentes. Nous ne parlons pas le même langage lorsque nous disons : « Il est déprimé parce qu'il a perdu son emploi, parce que sa mère est morte quand il avait trois ans, parce qu'il est isolé de son milieu culturel d'origine, parce qu'il a intériorisé en lui l'image de ce parent à la fois aimé et haï, etc. » De même, nous ne parlons pas non plus le même langage lorsque nous disons : « Il est déprimé parce qu'il existe un trouble chimique dans certains systèmes centraux, parce qu'il existe une hérédité dépressive dans sa famille, parce qu'il est traité par un médicament anti-hypertenseur, etc. » La diversité des théories explicatives de la dépression ne résulte pas de l'ignorance ni du dogmatisme – du moins pas seulement. Elle tient au fait que, pour approcher le phénomène, autrement dit une certaine forme de l'activité humaine, nous nous référons à des niveaux d'analyse différents.

Ce qui est vrai de la dépression l'est sans doute de toute action humaine. Mais, en général, nous nous accommodons mieux de ce pluralisme, dans la mesure où notre pouvoir de transformer ces actions demeure très faible. Dans le domaine de la dépression, ce pouvoir a été considérablement augmenté et c'est ce progrès dans le domaine de la biologie qui confère à cette question un tour aigu. Dans la vie sociale habituelle, nous nous accommodons fort bien de ce pluralisme des logiques qui règlent nos conduites. Selon les circonstances, nous adoptons un système d'analyse et écartons les autres. Ce qui n'est d'ailleurs pas sans susciter des conflits. Dire d'un proche qu'il se montre hostile envers nous parce que nous lui avons fait tort, parce qu'il est de mauvaise humeur, parce que nous représentons pour lui la reproduction d'une image parentale, parce qu'il nous jalouse, parce qu'il nous perçoit comme hostile, parce qu'il vient de nous dire telle parole ou d'exprimer telle mimique, ne sont nullement des explications concurrentes, mais des systèmes de référence entre lesquels il nous faut choisir pour comprendre l'action d'autrui et l'interaction qui en découle. Ils appartiennent à des domaines d'investigation distincts. Il n'y a pas une psychologie, mais *des* psychologies. Les investigations psychanalytique, psychosociologique, psycholinguistique ou psychophysiologique ne sont pas incompatibles, elles sont complémentaires, mais sans parallélisme. L'étude de la dépression illustre bien cette pluralité des logiques qui règlent l'action humaine. En dressant un bilan de nos connaissances en ce domaine, nous nous trouverons confrontés à cette pluralité.

I

La maladie

Le tableau clinique et le mode d'évolution des dépressions suggèrent bien l'idée d'une maladie. Le changement affecte, inopinément ou après des événements qui n'en justifient pas l'ampleur, une personnalité que rien ne prédisposait, au moins en apparence, à cette transformation. Celle-ci ne modifie pas réellement la personnalité. Elle vient colorer d'une teinte nouvelle toutes les pensées et toutes les actions. C'est le même sujet qui pense et agit, mais tout est marqué par le pessimisme, le manque d'espoir et d'intérêt. Il est donc aisé de distinguer la personne de l'état nouveau qui la caractérise. Même la ressemblance avec des épisodes normaux de la vie mentale renforce cette idée de maladie : ce qui est un incident motivé de la vie quotidienne prend valeur de maladie par son intensité et sa durée. Enfin, la résolution de la crise laisse la personne identique à elle-même.

Ceci ne s'applique pas uniquement à la dépression. Mais, pour un très grand nombre de troubles mentaux, le modèle de la maladie convient moins bien. Toutefois, si la notion de maladie mentale a été féconde et libératrice, c'est en détachant le trouble mental de la personne, en la libérant de toute faute et de toute marque originelle pour ne plus la considérer que comme un sujet affecté par un mal extérieur à lui.

L'idée de maladie est en effet très liée à celle de l'extériorité du mal vis-à-vis de la partie du monde naturel qu'il vient modifier. Qu'il provienne de l'extérieur comme l'infection microbienne, ou de l'intérieur comme le diabète, n'y change rien. Il y a l'homme et sa tuberculose, l'homme et son diabète. D'un côté un organisme qui se protège, de l'autre un processus qui l'attaque. C'est au XVIIIe siècle que s'est ainsi édifiée une logique de la maladie. Sans doute notre connaissance des maladies a-t-elle considérablement évolué par la suite. Mais le système logique n'a guère changé, la découverte et la description des maladies s'inscrivent dans cette logique, et leur représentation sociale également. On le voit bien à propos de la dépression. Faut-il donc lui reconnaître le statut de maladie ou le lui refuser ?

Une longue histoire

C'est au Ve siècle avant Jésus-Christ qu'Hippocrate fixe pour nous le terme de *mélancolie*, qui signifie bile noire. Ce serait un excès de bile noire, envahissant le sang, qui agirait sur le corps et l'âme du malade pour créer un état caractérisé par la tristesse et l'abattement. Le trouble dépressif est ainsi identifié et nous conservons encore le vocabulaire d'Hippocrate quand nous parlons d'« humeur noire » pour définir la tristesse. L'explication de la mélancolie s'inscrit dans un système très général qui permet de classer l'ensemble des maladies en fonction des perturbations des humeurs. Comme ces perturbations sont en nombre limité par rapport à la diversité des maladies, il faut alors admettre que le même trouble s'exprime de manière variée.

« Le plus souvent, écrit Hippocrate, les mélancoliques deviennent aussi épileptiques et les épileptiques mélancoliques. L'un ou l'autre apparaît selon l'endroit où frappe la maladie ; si elle frappe le corps : on est en présence d'épileptiques ; si c'est l'esprit : de mélancoliques. »

On a prétendu que cette représentation de la maladie était purement organogénétique. Il est vrai que l'on voit ici l'âme étroitement dépendante du corps. Les symptômes « psychiques » sont décrits comme des perturbations du fonctionnement de l'âme dues à la viciation des humeurs. Mais les deux sont dans une dépendance réciproque et les passions de l'âme influent sur l'état des humeurs. La systématique hippocratique offre un cadre où l'ensemble de la pathologie trouve ainsi sa place, mais la description des maladies demeure vague, car celles-ci ne constituent que des signes qu'il s'agit d'identifier pour comprendre l'équilibre général des humeurs.

Cependant c'est de cette description princeps qu'est née la clinique de la dépression. L'opposition entre excitation maniaque et dépression mélancolique est déjà bien perçue dans la mesure où elle trouve son explication dans le système.

On sait en effet que la manie réalise l'inverse du tableau mélancolique. Au pessimisme s'oppose l'euphorie, à l'inhibition l'excitation, au ralentissement moteur et psychique l'accélération de l'action et de la pensée. Or, dans le système hippocratique, l'opposition se retrouve entre bile froide (mélancolie) et bile chaude (manie). A partir de cette théorie, Aristote verra même dans l'équilibre entre les deux phénomènes antagonistes le gage d'une normalité marquée par des qualités exceptionnelles de créativité intellectuelle, le génie propre à cet équilibre étant toutefois exposé à des écarts mélancoliques ou maniaques si une des forces en jeu prédomine sur l'autre.

On trouve chez Arétée de Cappadoce (IIe siècle après J.-C.) la première description précise du mal : « Une affection sans fièvre dans laquelle l'esprit triste reste toujours fixé sur la même idée et s'y attache opiniâtrement. Elle me paraît être un commencement ou une espèce de demi-manie. Il y a cette différence entre l'une et l'autre maladie que dans la manie, l'esprit se porte tantôt à la tristesse, tantôt à la gaieté, tandis que dans la mélancolie l'esprit reste constamment triste et abattu. »

Cette dernière remarque est importante, car en quelques lignes l'essentiel est dit. La dépression est caractérisée par la tristesse et l'abattement. Elle s'oppose à la manie, mais les deux affections peuvent se succéder, et derrière l'excitation euphorique de la manie, on peut retrouver quelques éléments de tristesse.

Avec Galien, la tradition hippocratique prend une forme qui fera autorité jusqu'au XVIIIe siècle : « La mélancolie, dit-il, est une maladie de l'esprit, sans fièvre, avec tristesse profonde et éloignement pour les choses les plus chères. C'est une affliction sans mesure. » Il souligne que c'est la bile noire qui agit sur le cerveau. Fait anecdotique, il existerait des nourritures qui seraient source de tristesse et de crainte, et il serait nécessaire de soigner les malades en leur faisant prendre des « aliments joyeux, clairs, jeunes, tendres, riches en bienfaisante humidité ».

Dès lors, durant des siècles, la description clinique demeurera sans grand changement. La tradition se poursuit dans la médecine arabe et au IXe siècle, à Bagdad, Ishâq b Imrâm écrit un *Traité de la mélancolie* dans la plus pure lignée hippocratique et galénique. Fait amusant, le vin est prescrit, conformément aux principes de Galien. Dans l'Europe chrétienne, les traités se multiplient également.

Une folie partielle

A l'extrême fin du XVIIIe siècle naît la clinique moderne. Elle rompt radicalement avec la tradition hippocratique. Celle-ci ne considérait pas isolément les maladies de l'âme. Elle envisageait l'organisme dans son ensemble et la maladie physique ou morale comme le signe d'un déséquilibre global de l'organisme. Avec la nouvelle clinique s'instaure l'individualisation de la pathologie mentale.

Les aliénistes du XIXe siècle ont en charge des établissements spéciaux où sont regroupés les sujets privés de raison, devenus étrangers à eux-mêmes, c'est-à-dire aliénés. Il s'agit alors d'établir une classification raisonnée des différentes formes que revêt cette aliénation mentale. La folie est vue comme une entrave au fonctionnement de l'intelligence, due à une altération du cerveau. Elle est considérée comme une maladie unique, résultant de causes multiples, physiques ou morales. Les différentes formes qu'elle revêt seront néanmoins décrites avec précision car leur évolution diffère, et on supposera bientôt qu'elles tiennent à des causes distinctes. C'est ainsi que l'état mélancolique entre dans le cadre général de l'aliénation mentale.

A l'opposition hippocratique entre excitation maniaque et dépression mélancolique, succède celle entre folie globale et folie partielle. La manie devient le paradigme de la folie globale, la mélancolie se dissout partiellement dans le cadre de la folie partielle. Cette distinction s'appuie sur l'étendue du trouble du jugement. Dans la folie globale, la raison a entièrement disparu, l'excitation maniaque imprime à toute l'activité une incohérence totale. On n'obtient du patient, dans les formes graves, aucun propos sensé, aucune réflexion logique. Toute la pensée est emportée dans l'accélération et la fuite des idées. Au contraire, la mélancolie, même dans ses formes graves, n'affecte que partiellement le jugement.

Certes, le pessimisme colore toutes pensées, mais il n'altère pas la qualité du raisonnement. Ce dernier est tendancieux, mais logique et cohérent. Il s'agit bien, au sens de Pinel et d'Esquirol, d'une folie partielle. Mais ce n'en est qu'une forme parmi d'autres. Esquirol l'isole bien sous le terme de *lypemanie,* mais ne la considère que comme une forme de délire parmi d'autres.

Dans ce regroupement plus vaste qui s'oppose au délire général, le critère essentiel est le caractère limité du délire. L'erreur isolée de jugement devient le trait fondamental. L'humeur ne constitue qu'un signe distinctif de second rang, puisqu'il ne fait qu'isoler la mélancolie dans le cadre de ces délires partiels.

Ce reclassement, très probablement dû à la nature de la population de malades étudiée, a donné lieu, vers le milieu du siècle, à une double transformation. D'une part, on s'aperçoit que ce cadre de la lypemanie est trop vaste et hétérogène. On en sépare progressivement des états qui n'ont rien à voir avec la mélancolie (obsessions ou délire émotif par Morel en 1859, catatonie délirante par Kahlbaum en 1863, confusion mentale par Delasiauve en 1851). En même temps, on redécouvre l'importance du lien entre la mélancolie et la manie : en 1854, simultanément, Baillarger décrit la folie à double forme et J.-P. Falret la folie circulaire.

Ce lien a de nombreuses implications. Il est évident qu'en revenant au système d'opposition entre manie et mélancolie, on privilégie à nouveau les signes qui se retrouvent inversés d'une forme à l'autre. On oublie la distinction entre folie globale et folie partielle pour souligner l'opposition entre tristesse et euphorie, et celle entre lenteur et accélération de la pensée. Cette redistribution des cartes ne sera pas facilement acceptée et, durant près de cinquante ans, on se demandera si les cas où alternent manie et dépression constituent une éventualité secondaire ou la preuve qu'il s'agit bien d'une maladie autonome. C'est avec le grand psychiatre de Munich E. Kraepelin que se trouve établie définitivement l'idée d'une maladie unique : la folie – ou psychose – maniaco-dépressive.

La psychose maniaco-dépressive

Il est vrai que la force de persuasion de Kraepelin tient au fait qu'il utilise de manière systématique, comme critères de classification, les particularités de l'évolution. Il ne s'agit plus seulement de lier en les opposant la manie et la mélancolie, ni d'observer des passages d'une forme à l'autre, mais d'observer que les malades qui présentent cette maladie connaîtront sans doute des accès répétés, au cours de leur existence, soit d'une des formes, maniaque ou dépressive, soit des deux en alternance ou en association, et que cette évolution ne s'accompagnera pas de troubles de la personnalité ni d'altération de l'intelligence. En cela, la psychose maniaco-dépressive s'oppose à la démence précoce qui constitue, dans la classification de Kraepelin, ce qui, plus tard, s'appellera schizophrénie, maladie évoluant de manière continue et progressive vers des troubles graves de la personnalité et un affaiblissement apparent de l'intelligence. On notera au passage l'apparition du terme de dépression qui, jusque-là, servait à caractériser l'abattement consécutif à la tristesse en général, et à celle de la mélancolie en particulier.

L'inconvénient de la classification de Kraepelin est d'avoir facilité le développement d'une conception opposant maniaco-dépressive et démence précoce dans le cadre des psychoses. Cette tendance, qui a encore largement cours aujourd'hui, a pour effet d'établir un parallélisme, et donc une certaine forme d'identité entre deux catégories de troubles de nature tout à fait différente et qui n'ont pas plus de relation entre elles que le cancer et la tuberculose. Seules leur gravité et leur fréquence ont fait que, dans les hôpitaux psychiatriques, les formes graves de ces deux « maladies » ont été l'objet de l'investigation des psychiatres et que ces derniers ont tout naturellement été enclins à y voir les expressions majeures de la « folie ». Nous verrons que cette conception doit être complètement remise en question.

La théorie de Kraepelin avait aussi pour inconvénient de laisser dans l'ombre des formes subaiguës ou chroniques de dépression qui étaient classées dans des cadres nosologiques vagues et fluctuants : neurasthénie, puis dépression névrotique et psychasthénie. Ici, encore, les conditions d'examen ont pesé lourd sur la classification. Car ces malades neurasthéniques, et en général toutes les formes mineures de dépression, étaient traités par des médecins généralistes ou des neurologues et suivis en consultation de ville, alors que les psychiatres, ayant principalement une activité hospitalière, ne voyaient que les formes graves de dépression, c'est-à-dire celles qui se rangeaient facilement dans le cadre kraepelinien de la « psychose maniaco-dépressive ».

Cette situation a évolué par la suite. La pratique extra-hospitalière des psychiatres devait se développer. Les déprimés hésitèrent moins à recourir à leurs soins ou à se faire hospitaliser pour des troubles de moindre gravité. A l'opposition entre la neurasthénie des neurologues et la psychose maniaco-dépressive des psychiatres devait se substituer ce que l'on a appelé le *grand débat*[1], celui de l'unicité ou de la dualité des dépressions.

Fidèles à la tradition, les partisans de l'unicité considèrent qu'à l'exception de formes particulières (dépression purement réactionnelle à un événement malheureux ou, au contraire, purement symptomatique d'une maladie physique), toutes les dépressions s'inscrivent dans un cadre unique, celui de la maladie maniaco-dépressive. Les dualistes opposent au contraire la dépression de la maniaco-dépressive à la dépression névrotique.

Cette distinction recouvre en réalité une dualité de mécanisme : la dépression de la maladie maniaco-dépressive serait liée essentiellement à des facteurs constitutionnels, et donc d'origine

1. M. Mendelson, *Psychanalytic Concepts of Depression*, Halsted Press, New York, 1979.

interne et organique (dépression endogène) ; la dépression névrotique serait une réaction psychologique à des épreuves de l'existence ou à des tensions au sein de la personnalité.

En fait, les unicistes ne nient pas l'existence de causes psychologiques, mais ils considèrent qu'elles déclenchent une maladie identique à celle due à des causes héréditaires. Ils admettent souvent l'idée d'une complémentarité entre facteurs exogènes (organiques ou psychologiques) et facteurs endogènes. Les dualistes tiennent à l'autonomie des dépressions névrotiques ou psychogènes qui s'opposent trait pour trait à la maladie maniaco-dépressive : pas de prédisposition héréditaire, évolution plutôt subaiguë sans accès francs, origine purement psychologique.

Un grand débat

Le débat s'est trouvé déplacé, mais n'a pas pour autant disparu, lorsqu'ont été découvertes des thérapeutiques véritablement actives. La première d'entre elles est habituellement connue sous le nom d'électrochoc et mériterait plus justement celui, utilisé dans le monde anglo-saxon, de thérapie électroconvulsive. Les résultats furent spectaculaires dans les états mélancoliques et cette thérapeutique fut très largement utilisée entre 1940 et 1955. Les dualistes crurent alors que l'on avait trouvé un test efficace pour distinguer les deux formes de dépression. Mais on s'aperçut que le traitement agissait également dans un certain nombre de dépressions névrotiques. Toutefois, la démonstration n'était pas tout à fait convaincante, car cette thérapeutique – du moins telle qu'on la pratiquait alors, c'est-à-dire sans anesthésie générale et sans adjonction de curare – n'était pas sans risques, dus surtout aux contractions musculaires et à l'apnée entraînées par la crise épileptique induite. De ce fait, on n'osait appliquer le traitement qu'aux formes franches, c'est-à-dire aux accès dépressifs aigus et assez intenses pour légitimer ces risques ; d'où l'impossibilité de mener une étude sérieuse dans le but d'évaluer l'action de la convulsivo-thérapie sur les dépressions névrotiques.

Au milieu des années cinquante, la chimiothérapie vint en grande partie prendre le relais. Sans doute la chimiothérapie antidépressive n'est-elle pas sans inconvénients ni effets secondaires gênants, mais elle fut et demeure utilisée beaucoup plus largement que l'électro-convulsivothérapie. Or l'effet antidépresseur de ces produits est le seul qu'ils exercent sur la vie mentale. On a donc été tenté de les utiliser comme un test diagnostic et de considérer comme un critère de dépression le fait qu'un patient leur « réponde » positivement. Toutes les variétés d'états dépressifs ont en effet cette propriété. Mais ce qui vient compliquer le problème, c'est que les dépressions ne répondent pas à 100 % à la chimiothérapie. Habituellement, et quel que soit l'antidépresseur utilisé, les résultats positifs sont de l'ordre de 60 à 65 % des cas. Or, on ne sait pas si les non-répondeurs sont les mêmes pour différents antidépresseurs. On n'a établi jusqu'à présent aucun critère précis, clinique ou biologique, qui permettrait de différencier les cas qui réagissent positivement et les échecs, et ceci, quel que soit le médicament utilisé. Ce que l'on peut dire, c'est que les dépressions dites névrotiques réagissent dans l'ensemble moins bien que les dépressions dites endogènes. Mais ce résultat peut être interprété de différentes manières. On peut supposer que les facteurs moraux entretiennent la dépression et font obstacle aux effets du médicament. On peut aussi émettre l'hypothèse que le groupe des dépressions névrotiques comporte un mélange de dépressions authentiques et d'états anxieux ou de difficultés psychologiques sans dépression véritable. Jusqu'à présent, aucun argument n'a pu être trouvé qui permette d'établir une telle distinction.

Les très nombreux travaux menés dans ce domaine se contentent d'une approche symptomatique et probabiliste. Ils se bornent à mesurer la fréquence ou l'intensité moyenne des symptômes et à comparer les résultats chez les répondeurs et les non-répondeurs au traitement. Une revue générale de ces travaux[1] montre que les symptômes qui prédisent le mieux l'efficacité de la thérapeutique sont ceux qui caractérisent la dépression dite endogène. Une manière élégante de répondre à la question consiste à classer les malades en fonction de la présence de signes qui caractérisent la dépression endogène et de ceux

1. R. J. Bielski et R. Friedel, « Prediction of tricyclic antidepressant response », *Archives of General Psychiatry*, 33.1479 (1976).

qui caractérisent la dépression névrotique. A un extrême sont regroupés les malades qui présentent tous les traits de la dépression endogène et aucun trait de la dépression névrotique, à l'autre extrême ceux présentant les caractéristiques inverses. On distribue les malades présentant un tableau intermédiaire entre ces deux extrêmes. Si la dépression correspond à une maladie unique, la distribution des malades suivra une courbe unimodale, la majorité des malades se situant au milieu, et seule une minorité figurant aux deux pôles. Si, au contraire, il existe deux maladies distinctes, la courbe sera bimodale, les malades se répartissant plutôt aux extrêmes, seule une minorité figurant au centre. Malheureusement, les résultats rapportés sont contradictoires et chacun trouve dans l'analyse statistique de l'autre des biais qui lui permettent de contester ses résultats. Jusqu'à présent, rien de concluant n'a pu être dégagé de ce type d'études.

Devant tant d'incertitudes et de contradictions, on peut se demander si le problème est bien posé. Certains pensent que la véritable opposition réside entre formes graves et formes mineures ; d'autres estiment qu'elle se situe entre une forme pure de dépression, où le phénomène est isolé, et des formes où il se trouve associé à d'autres composantes pathologiques. Les deux points de vue conduisent au même résultat : celui d'opposer une forme typique, ou dépression majeure, à des formes plus complexes.

Les signes de la dépression

Ce débat, qui continue d'occuper une place importante dans la littérature spécialisée et qui donne lieu à de nombreuses analyses statistiques, reflète bien le type de problèmes que pose l'étude de la dépression en fonction d'une logique de la maladie. La méthode clinique qui s'appuie sur cette logique a permis les progrès qu'atteste l'histoire de la dépression. Peut-être a-t-elle apporté tout ce qu'elle était en mesure de donner et les incertitudes actuelles marquent-elles ses limites. Limites du moins dans le domaine de la recherche, lorsqu'il s'agit d'étendre nos connaissances sur la nature de la dépression. Car lorsqu'il s'agit de soigner un déprimé, la clinique demeure irremplaçable. Elle a d'ailleurs été conçue dans ce but. Cependant, pour préciser ce qu'il faut entendre ici par limites, et pour mieux comprendre comment un mode de raisonnement peut devenir insuffisant d'un point de vue scientifique et demeurer indispensable d'un point de vue pratique, il nous faut examiner en quoi le modèle clinique et le concept de maladie aident à caractériser le phénomène dépressif et jusqu'où ils y réussissent.

La notion de maladie obéit avant tout à des fins pratiques. Il s'agit de reconnaître un état identifié et de le traiter. Le problème n'est pas de distinguer un état normal d'un état pathologique. La démarche clinique commence lorsque l'état de maladie est admis. La question est de définir le genre de la maladie. En l'occurrence, il ne s'agit pas de discuter des limites de la dépression et de la normalité. Ou plutôt, il ne s'agit pas là d'une question de principe, mais de définir quels sont les états dépressifs les moins graves au regard d'un état caractérisé par l'absence de dépression. C'est là une pure question empirique de diagnostic. On reconnaîtra la dépression quand, à la simple tristesse, s'ajoutent les autres signes. Le vrai problème est de discerner, devant un état mental pathologique, les signes qui permettent de le classer comme une dépression, diagnostic qui implique une prévision de l'évolution, c'est-à-dire un pronostic, et une prescription thérapeutique. Nul besoin de s'assurer au préalable d'une connaissance des causes et des mécanismes, encore moins de connaître la nature intime de la maladie. Il suffit d'être en mesure de prévoir et de traiter. C'est à ces buts pratiques que les cliniciens ont longtemps obéi.

Pour reconnaître la dépression, il est donc nécessaire d'en repérer les signes. Le déprimé exprime de nombreuses plaintes et un comportement caractéristique. Le clinicien doit établir que ces plaintes et ce comportement correspondent bien au tableau clinique de la dépression – c'est le diagnostic positif –, et qu'ils ne comportent aucun signe qui ferait suspecter une autre forme de maladie – c'est le diagnostic différentiel.

Le premier temps du diagnostic consiste donc à rassembler les données qui sont conformes au tableau de la dépression et qui excluent d'autres hypothèses. Ce recueil des données s'appuie sur l'observation du patient. Ce dernier, en réalité, ne se soucie pas du travail mental du clinicien. Il vient exprimer ses angoisses particulières, ses sentiments d'échec et de désespoir, ses sensations de fatigue et ses difficultés de concentration intellectuelle. Le clinicien recueille ses propos et observe son comportement abattu, sa mimique figée, ses paroles lentes et entrecoupées de silences. Tous ces traits, subjectifs et objectifs, s'insèrent évidemment dans une condition concrète et individuelle. Chacun, à sa manière, présente une situation qui lui est propre, une misère qui n'appartient qu'à lui. Échecs et craintes dans sa vie sociale, professionnelle ou privée, témoignent d'un mal à vivre qui est tissé dans la trame de son destin personnel, avec les fils de son histoire propre. Il est vrai qu'il n'existe pas que des malades, mais la tâche du clinicien est de reconnaître, derrière les particularités individuelles, les signes d'une maladie universelle. Le clinicien doit opérer une réduction des données d'observation et les convertir en signes de la maladie. Ceci nécessite qu'il dispose d'un code et qu'il sache déchiffrer les données empiriques en fonction de ce code.

Cette réduction de la conduite concrète au signe est en effet inséparable de l'établissement de la liste des symptômes qui définissent la maladie. La dépression réalise un syndrome, c'est-à-dire un ensemble de symptômes. C'est même le fait que, d'un malade à l'autre, on retrouve les mêmes signes, qui authentifie la maladie comme entité autonome.

Le syndrome dépressif est caractérisé par deux traits fondamentaux : la tristesse et le ralentissement psychomoteur. Toutes les descriptions de la dépression vont donc énoncer un ensemble de traits généraux qui correspondent à ces deux caractères, et y ajouter d'autres signes qui leur sont généralement associés. La tristesse imprègne tout le monde subjectif du malade : remords et nostalgie à l'égard d'un passé dont on rumine les souvenirs, désintérêt à l'égard d'un présent terne et vide dans lequel on se sent englué, appréhension vis-à-vis d'un avenir que l'on perçoit chargé de toutes les menaces ou que l'on n'imagine plus que comme la persistance indéfinie de l'état actuel. La représentation de soi-même est profondément dévalorisée, qu'il s'agisse d'un sentiment d'incapacité ou de véritables reproches que l'on s'adresse pour les fautes du passé ou les impuissances du présent. Les proches sont devenus une source d'ennui, fait d'autant plus douloureux que l'affection qu'on leur porte demeure. Lorsque le déprimé déclare qu'il n'a plus de goût à rien ou qu'il n'aime plus les siens, il faut entendre que l'attachement aux choses et aux gens subsiste, mais qu'il n'en tire plus aucune joie. En schématisant, on voit que cette tristesse vitale se caractérise par la nostalgie et le remords vis-à-vis du passé, l'ennui vis-à-vis du présent, l'angoisse envers l'avenir, l'auto-accusation et l'anesthésie affective.

On perçoit d'emblée tout ce qu'a d'arbitraire et d'artificiel cette description. Elle utilise des cadres conceptuels (le temps, moi, les autres) et des termes (ennui, culpabilité, etc.) qui dépendent de notre culture, voire des particularités de la langue utilisée. Les anglophones, par exemple, insistent beaucoup sur la *hopelessness* et la *helplessness*, termes qui résument en effet très bien le contenu de la tristesse dépressive, mais qui ne sont traduisibles en français que par des circonlocutions approximatives, et ne peuvent pas avoir la même pertinence descriptive. De même, lorsque l'allemand parle de la *Stimmung* dépressive, il définit un sentiment global que notre langue doit reconstituer à partir de données plus analytiques. Si des différences sont déjà sensibles entre langues si rapprochées, on devine la difficulté lorsqu'il s'agit de sociétés plus éloignées. Même à l'intérieur d'une culture et d'une langue données, chaque auteur trouvera des mots différents pour cerner la même réalité. D'ailleurs, s'agit-il bien de la réalité ? Tout déprimé est en mesure de tenir quelques propos qui échappent à cette coloration de l'humeur. Nous devons raisonner en termes de fréquence et de probabilité. On voit bien le double danger qu'il y aurait soit à déclarer une personne déprimée parce qu'elle nous fait part de certaines vues pessimistes et amères, soit à méconnaître la dépression parce que quelques propos démentent la tonalité triste habituelle.

Le deuxième caractère fondamental de la dépression est le ralentissement moteur et idéique. Le ralentissement moteur s'observe dans la démarche, la posture et la mimique : lenteur d'exécution des mouvements, rareté des changements de posture ou d'expression du visage, pauvreté des gestes. La voix perd sa modulation, le timbre devient éteint. Les propos sont brefs, rares, entrecoupés de pauses. Les réponses à l'interlocuteur sont également pauvres. Le ralentissement idéique se laisse voir lorsqu'on examine l'enchaînement du cours des pensées. Il se caractérise par un ralentissement du flux associatif. La pensée se traîne : aucune vivacité, aucun renouvellement. Les thèmes sont répétitifs, le sujet a l'impression d'une « rumination » mentale improductive. L'interlocuteur a le sentiment qu'il lui faut toujours « remettre en marche » un mécanisme mental qui s'épuise. Subjectivement, ce ralentissement se manifeste par un faux désintérêt. En réalité, le sujet confesse qu'il continue de s'intéresser à ses activités habituelles, aux êtres et aux valeurs qui le mobilisent en temps normal. Ce qui lui manque, c'est bien l'incitation à agir. On pourrait dire que c'est l'appétit qui lui fait défaut, non le goût des choses. Lorsqu'il dispose de qualités introspectives suffisantes, le déprimé perçoit le ralentissement de son activité comme une altération de l'écoulement du temps. Le présent se fige, l'avenir devient opaque et le passé alimente la rumination. Tous ces traits ne sont pas des éléments isolés, ils correspondent à un système cohérent d'attitudes.

Tristesse vitale et ralentissement psychomoteur définissent bien l'essentiel de la dépression. On ne saurait établir le diagnostic sans que ces deux éléments soient présents. Bien entendu, certaines conduites vont apparaître comme les conséquences de cet état et pourront être décrites aussi comme des signes de la dépression, à cette réserve près qu'elles varient davantage d'une personne à l'autre, dans la mesure où elles sont l'effet d'une interaction entre la dépression et la situation personnelle du malade. Il en est ainsi des idées de suicide, des conduites d'échec, du retrait social, de l'impuissance et de la frigidité sexuelle, etc.

D'autres symptômes sont retrouvés avec une grande fréquence, mais sans le même caractère de constance et sans la même cohérence logique que les précédents. Il s'agit des troubles du sommeil (insomnie en général, surtout marquée à la fin de la nuit, mais parfois « refuge » dans le sommeil), des anomalies du comportement alimentaire (anorexie accompagnée d'amaigrissement, mais parfois boulimie avec prise de poids). Des troubles neurovégétatifs et des perturbations fonctionnelles des organes peuvent accompagner ou précéder l'évolution d'un syndrome dépressif. Citons les manifestations physiques de l'angoisse (constriction cervicale ou thoracique, vertiges), les troubles du rythme cardiaque, la baisse de la tension artérielle, les troubles digestifs, les douleurs...

En fait, tous ces éléments comptent moins pour le diagnostic que les signes principaux. La tâche du clinicien est donc de s'assurer que la tristesse vitale et le ralentissement sont bien présents. Mais il lui faut également tenir compte d'anomalies éventuelles qui orienteront vers un autre diagnostic. La tristesse peut accompagner toutes les formes de déséquilibre mental, de névrose ou de psychose sans qu'il s'agisse d'une dépression. Le diagnostic consiste autant à écarter d'autres hypothèses qu'à justifier celle qui est retenue. Le diagnostic positif doit donc être complété par un diagnostic différentiel. Celui-ci n'est pas toujours facile, et au moindre doute, le clinicien propose un traitement antidépresseur. Ce type de traitement que l'on appelle « traitement d'épreuve » permettra en effet de confirmer ou d'infirmer le diagnostic. Il est justifié dans la mesure où donner un traitement antidépresseur à quelqu'un qui n'en a pas besoin et dont les troubles ne régressent pas ne présente que des inconvénients mineurs – d'autant qu'en règle générale, dans l'hypothèse où on n'a pas affaire à une dépression, les moyens thérapeutiques sont limités au court terme. Par contre, ne pas prescrire d'antidépresseurs lorsqu'il existe une dépression comporte de graves inconvénients, puisqu'on pérennise un état qui aurait bien réagi au médicament.

L'individualisation d'une forme canonique de la maladie dépressive ne doit pas faire oublier que les signes qui la caractérisent varient d'un malade à l'autre. Il ne s'agit pas seulement de l'expression qu'ils revêtent selon la psychologie individuelle : tel malade sera hanté par les fautes morales qu'il se reproche, tel autre par les désastres matériels auxquels il se sent acculé en raison de ses erreurs, etc. Mais les variantes tiennent aussi à l'importance relative des signes. Les cliniciens ont donc appris à isoler les formes symptomatiques qui, au sein de l'ensemble « dépression », regroupent des sous-ensembles.

C'est ainsi que l'on a décrit des formes d'intensité extrême. Dans la mélancolie stuporeuse, où le ralentissement conduit à une inhibition de toute activité, le malade s'immobilise dans une rumination douloureuse telle qu'elle n'est même plus communicable et aboutit au mutisme. Dans la mélancolie anxieuse, l'angoisse domine le tableau clinique, entraînant une agitation qui masque le ralentissement. Dans la mélancolie délirante, l'exagération pessimiste revêt une forme exacerbée : le malade peut en venir à s'accuser de crimes ou à s'imaginer qu'il est mort, dépossédé de son âme, ou atteint d'une maladie incurable. Dans d'autres cas, le délire revêt les traits de la persécution et, parfois même, le malade entend des voix ou éprouve des sensations qui illustrent cette persécution. Il est parfois difficile de distinguer ces formes délirantes de la mélancolie et les réactions anxieuses et dépressives qui sont secondaires à un délire aigu ou chronique de persécution. L'enjeu du diagnostic différentiel est ici très important pour décider d'une thérapeutique et avancer un pronostic.

A l'opposé, on a décrit des formes mineures. Parmi elles, la dépression souriante dans laquelle le patient dissimule l'étendue de son désespoir sous le masque d'une expression mimique et d'une fluidité de parole qui demeurent normales. Depuis une quinzaine d'années, on s'intéresse beaucoup à la dépression masquée. Les signes cardinaux de l'état dépressif sont au second plan, voire inapparents, le tableau clinique est dominé par un symptôme peu évocateur ou qui risque de donner le change avec une maladie physique. Il peut s'agir d'un état de fatigue isolé, d'une perte de l'appétit, de douleurs diffuses et mal localisées (céphalées, douleurs bucco-linguales, lombaires ou pelviennes). Ces formes, déjà suspectées auparavant, se sont montrées d'une fréquence beaucoup plus grande quand les antidépresseurs ont révélé leur efficacité.

Une autre manière de regrouper ces variantes cliniques consiste à prendre en considération le mode d'évolution. La forme canonique est caractérisée par le caractère transitoire et périodique de la dépression. Les accès qui viennent émailler la vie du malade sont de fréquence très variable : deux ou trois, séparés par plusieurs années d'intervalle libre ou, à l'opposé, un à deux accès chaque année. On a noté, dans ces cas, une certaine régulation saisonnière, entre le printemps et l'automne. Cette forme périodique s'accompagne dans certains cas d'accès maniaques alternant avec les accès dépressifs ou les accompagnant, soit en les précédant, soit en leur succédant. On a également décrit des états mixtes dans lesquels s'associent des signes appartenant aux deux états, fait paradoxal si l'on songe que les signes de la manie s'opposent à ceux de la dépression. En réalité, il ne s'agit pas là de n'importe quelle association : c'est le ralentissement dépressif qui s'inverse en excitation maniaque, mais la tristesse demeure.

Toutes ces formes correspondent à la maladie maniaco-dépressive, bipolaire ou monopolaire selon la présence ou l'absence d'accès maniaques. Dans tous les cas, la durée des accès, en l'absence de traitement, est très variable, allant de quelques semaines à plusieurs années. A l'opposé, on a décrit des formes chroniques ou subaiguës nécessitant des traitements prolongés. Mais un cas très fréquent est celui de l'accès isolé dont on ne sait évidemment pas s'il restera unique ou s'il donnera lieu à récidives.

Troisième critère retenu pour la classification de ces variantes cliniques : l'âge, qui permet de distinguer les dépressions de l'enfance, encore mal connues et qui sont souvent masquées par des symptômes trompeurs (troubles périodiques du caractère, baisse inexplicable de l'efficience scolaire) ; les dépressions de l'adolescence, parfois masquées par des troubles mentaux très aigus et atypiques, à l'origine d'erreurs diagnostiques, comme un état délirant aigu de survenue brutale ; les dépressions des personnes âgées, qui ont souvent une symptomatologie discrète où domine l'anxiété. Une forme particulière et qui a suscité de nombreux travaux est la mélancolie d'involution. Il s'agit de dépressions survenant après la cinquantaine, évoluant de manière subaiguë durant une période de plusieurs années et avec une symptomatologie variant au cours du temps, et assez polymorphe. Cette entité avait été ainsi baptisée parce que l'on pensait qu'elle était en relation avec la sénescence, et on avait insisté sur le risque particulier d'une évolution vers la démence. On a gardé le terme, mais en le vidant de toute signification particulière, puisqu'on a appris à connaître par la suite des dépressions de personnes âgées qui ne revêtent pas ce caractère de durée. On sait d'autre part que certains états démentiels débutent par une phase dépressive pure, sans que l'on puisse établir de lien avec la mélancolie d'involution, qui demeure une réalité clinique pour laquelle on n'est pas en mesure de fournir d'explication satisfaisante.

On pourrait allonger encore la liste de ces variétés cliniques. Leur seul intérêt est de mettre le clinicien en garde devant des tableaux cliniques qui présentent une certaine atypicité, et, surtout, pour les formes évolutives, d'avoir permis de dégager la notion de maladie périodique maniaco-dépressive.

La seule distinction qui présente un réel intérêt, tant pour la pratique clinique que pour la compréhension de la nature de la maladie dépressive, a été et demeure celle qui repose sur les causes. Le schéma proposé par Kielholz [1] apporte une classification simple et prudente. Elle ordonne les variétés de dépression en fonction du poids respectif des causes physiques et psychologiques.

D'un côté, nous avons les dépressions somatiques dans lesquelles les facteurs physiques jouent un rôle déterminant. Tel est le cas des dépressions qui accompagnent une souffrance cérébrale due à une atteinte vasculaire, une tumeur ou une maladie dégénérative du cerveau. Tel est le cas de ces formes que la médecine moderne nous a appris à connaître, dues à un médicament destiné à traiter une maladie d'une autre nature, comme certains produits destinés à diminuer l'appétit ou à lutter contre l'hypertension artérielle.

A l'opposé, nous avons les dépressions dans les-

1. P. Kielholz, *États dépressifs*, Hans Huber, Berne, 1972.

quelles les facteurs psychologiques jouent un rôle prédominant : les dépressions réactionnelles à une épreuve morale, en premier lieu, mais aussi celles qui accompagnent des conflits psychologiques intérieurs permanents (dépressions névrotiques) ou celles qui sont secondaires à un état d'épuisement physique et moral.

Entre ces groupes extrêmes se situent les états pour lesquels la causalité est incertaine et où les deux séries de facteurs peuvent intervenir, bien que les événements et les causes physiques externes jouent peu (dépressions endogènes). C'est dans ce cadre que l'on peut situer les dépressions qui accompagnent certains troubles mentaux graves, en particulier la schizophrénie et les délires chroniques, les formes unipolaires et bipolaires de la maladie maniaco-dépressive et la mélancolie d'involution.

Cette classification a l'avantage d'être purement descriptive et de ne pas préjuger des mécanismes en cause. Elle laisse de côté la question de savoir si ces formes ou certaines d'entre elles constituent des entités distinctes ou s'il s'agit d'une même maladie due à une pluralité de facteurs.

La méthode clinique

La logique de la maladie est donc étroitement liée à la clinique, à ce que l'œil voit et l'oreille entend. Le concept de maladie est isolé à partir de cette réalité phénoménale. On postule que la constance des symptômes et la régularité de leur évolution dans le temps impliquent que le processus qui en est cause est bien le même. Peu importe ce que l'on sait de ce processus. S'il avait fallu attendre de connaître les mécanismes pour parler de maladie, la médecine ne se serait jamais développée. Le fait que la mélancolie ait été individualisée et décrite bien avant que l'on ait acquis une certaine connaissance de sa nature a permis de soigner les malades. Ainsi la logique de la maladie est justifiée de deux manières : elle permet d'agir efficacement, sans attendre une connaissance plus étendue des causes et des mécanismes, et elle autorise un pronostic et une thérapeutique. Elle sert de point de départ à des recherches, indépendamment d'hypothèses plus précises sur la nature du mal.

Mais la logique de la maladie connaît des limites et, pour de nombreuses raisons, on ne peut se fonder sur elle pour guider les recherches futures. Ce sont ces raisons qu'il nous faut maintenant examiner.

La notion même de maladie mentale est discutable. En établissant une classification d'ensemble des formes de l'aliénation mentale, les cliniciens du siècle dernier nous ont transmis un modèle à certains égards trompeur. Cette classification suggère en effet qu'il existe une identité de nature entre ces différentes formes. Si l'on excepte le fait qu'elles affectent toutes l'activité mentale et le comportement et qu'elles appartiennent pour cette raison à la même spécialité médicale, rien en fait ne justifie cette unité. Il y a autant de différences entre une phobie, la schizophrénie et la dépression qu'entre une pneumonie, l'insuffisance cardiaque et la néphrite chronique. Aux yeux des patients et de leur entourage, cette confusion a des conséquences regrettables. Mais elle persiste également dans l'esprit des cliniciens. L'opposition entre démence précoce et maladie maniaco-dépressive, établie par Kraepelin, rassemble en fait sous le terme fâcheux de « psychose » des anomalies de l'activité mentale qui n'ont rien de commun. Il en est de même pour l'expression « dépression névrotique » qui suggère une identité entre la dépression et les névroses, mais qui ne trouve aucune justification. La meilleure preuve en est que la dépression peut accompagner un état névrotique ou une psychose schizophrénique. Nul ne s'étonne que l'asthme, l'abcès du poumon et le cancer bronchique appartiennent à la spécialité pneumologique, bien que l'on sache que chacune de ces maladies relève d'un type de pathologie entièrement différent des autres. La classe des maladies mentales n'a pas plus de cohérence.

Le second écueil est le rapport entre le normal et le pathologique. Comme le souligne Lantéri-Laura [1], la clinique ne s'occupe que peu de ce rapport. La maladie est posée comme différente du normal, venant s'emparer de lui pour l'altérer avec quelque chose d'étranger. Le sens commun conserve généralement ce point de vue que Canguilhem [2] appelle la théorie ontologique de la ma-

1. Lanteri-Laura, « La connaissance clinique », *Évol. Psych.*, 47-2, pp. 425-469.

2. G. Canguilhem, *Essai sur quelques problèmes concernant le normal et le pathologique*, 1943, 2e édit., Paris, Les Belles Lettres, 1950.

ladie. Et si certains répugnent à la notion de maladie dépressive, c'est souvent en se référant implicitement à ce modèle. En fait, l'existence de dépressions d'intensité faible pose au clinicien la question des limites entre la tristesse normale et la dépression. Pour le résoudre, il ne cherchera pas tant à trouver des différences entre la tristesse normale et la dépression, qu'à noter la présence d'autres signes de la dépression : le ralentissement moteur et psychique, les troubles du sommeil et de l'appétit, les symptômes physiques. Mais ces critères, s'ils apportent au problème pratique une réponse satisfaisante, ne résolvent en rien la question de fond. Ces formes mineures de dépression n'appartiennent-elles pas à la gamme des réponses normales de l'organisme ? N'existe-t-il pas une dépression normale dont il resterait à justifier la finalité ?

Parallèlement à la clinique psychiatrique s'est édifiée au cours de la seconde moitié du XIXe siècle une science psychologique qui tirait sa source de la comparaison entre l'activité mentale normale et pathologique. La pathologie, en amplifiant, en supprimant ou en modifiant des traits de la psychologie normale, permet de préciser la nature et la fonction de ces traits, dans leurs expressions normales et pathologiques. Comparer signifie ici poser l'identité de nature entre le normal et le pathologique. Claude Bernard avait déjà montré qu'entre le physiologique et le pathologique, la différence était quantitative et non qualitative. Une science pathologique en tant que révélateur de la fonction normale allait ainsi se superposer à l'étude des malades. Sous l'influence de Comte, de Taine et de Renan, la même démarche s'accomplissait dans le domaine de la psychologie, illustrée par Ribot. La psychopathologie de la dépression s'est développée dans des voies très divergentes avec Dumas et Janet en France, Freud à Vienne. Quelles que soient les orientations théoriques, elle applique la connaissance de la dépression pathologique à celle des mécanismes mentaux normaux. Elle pose le principe d'une continuité entre le normal et le pathologique. Elle est incompatible avec la logique de la maladie.

La troisième limite de cette logique tient à la notion de symptôme. La démarche clinique a pour but d'identifier le mal en reconnaissant les signes qui le caractérisent. Il s'agit donc de dégager un ensemble de traits, assez généraux pour être identifiables d'un malade à l'autre, et en nombre assez limité. Trop de signes compliqueraient inutilement la tâche du clinicien, mais un nombre trop restreint ferait courir le risque de méconnaître le mal. Lorsqu'on dit qu'un des signes de la dépression est l'incapacité d'éprouver du plaisir, on ne fait que décrire un trait général qui peut s'observer dans diverses situations, dans le travail ou les loisirs, dans la vie familiale ou les relations amicales. Il n'est pas inutile d'étudier le désintérêt dans les diverses situations, car si le malade conserve malgré tout un certain intérêt pour son travail, il exprimera peut-être mieux son incapacité à prendre plaisir en d'autres circonstances de la vie. Une certaine redondance est donc nécessaire : sinon, on risque de méconnaître le trait pathologique en attachant trop d'importance au particulier. Car le malade trouvera toujours des raisons expliquant pourquoi il n'a pas éprouvé de plaisir dans une situation précise. Les mobiles individuels nous font oublier le caractère général du trait. Mais ces signes que nous extrayons sont des conduites concrètes, des comportements souvent complexes que nous réduisons à une certaine valeur faciale en fonction du code de la maladie. Si cela est nécessaire pour le diagnostic, il est évident que cette réduction du symptôme au signe nous prive d'autres voies d'investigation de la conduite.

Lorsque le malade nous dit : « Je ne m'intéresse plus à mon travail, mais c'est parce que mes supérieurs me confient des tâches mineures », nous pouvons l'entendre comme signe de la maladie dépressive, mais aussi bien comme reflet d'une expérience socio-professionnelle qui mérite tout autant attention. Si l'on veut étudier l'action d'un médicament, la seconde partie de l'information ne nous sert à rien, il nous suffit de noter : « Désintérêt pour le travail et les activités habituelles », au besoin d'en noter l'intensité sur une échelle ou de s'assurer qu'il figure bien sur la liste des signes qui permettent de classer le malade parmi les déprimés. Par contre, si nous menons une enquête sur les conflits professionnels chez les hommes en fin de vie active et sur l'incidence de ces conflits sur la dépression, la seconde partie de l'information revêt une signification importante. Nous devons donc renoncer à un point de vue positiviste selon lequel la conduite est un objet réel. En fait, nous devons choisir notre méthode d'analyse, et la notion de signe n'est qu'une de ces méthodes.

Le quatrième écueil de la logique de la maladie tient à la valeur accordée à la classification des formes cliniques. Leur isolement a pour but de faciliter le diagnostic en dressant des tableaux qui retiennent l'attention du clinicien et qui lui sont d'identification facile chez les malades. Leur permanence tient à l'opinion générale des cliniciens qui apprécient leur bonne valeur classante. Les types décrits s'appliquent à un grand nombre de malades. Des perfectionnements statistiques ont été apportés à ces méthodes purement inductives. Les techniques par *clusters* cherchent à répartir les individus, à partir d'échelles d'observation, en classes qui sont comparées aux catégories empiriques. Les techniques par analyse discriminante cherchent à établir, signe par signe, quels sont ceux qui différencient le mieux les individus. On peut toutefois s'interroger sur la finalité de ces études. Elles n'ajoutent guère à l'habileté diagnostique du clinicien et impliquent que la classification des sous-ensembles de la maladie s'en tient à des facteurs généraux, biologiques ou psychologiques, qui expliquent la différence observée entre ces sous-ensembles. De nombreux chercheurs utilisent actuellement des tests biologiques pour différencier dépression endogène et névrotique. Mais ces travaux conduisent à une remise en cause des classifications empiriques, car il n'est pas prouvé que celles-ci correspondent à des différences biologiques. Pour se dégager des présuppositions traditionnelles, les relations entre les symptômes, leur dépendance mutuelle et leur organisation hiérarchique peuvent être analysées par des procédés statistiques qui ne prennent plus en considération les classifications des cliniciens, mais la simple corrélation de fréquence et d'intensité des symptômes et la recherche de facteurs individualisés par des méthodes d'analyse multivariée, c'est-à-dire portant sur un grand nombre de corrélations.

Toutes ces démarches critiques ne tendent pas à éliminer la logique de la maladie. Celle-ci demeure nécessaire pour guider la pratique du clinicien. Mais elles permettent à d'autres systèmes d'analyse de la compléter pour développer de nouveaux instruments d'étude de la pathologie dépressive. En cela, elles sont comparables à celles qui se sont développées en d'autres domaines de la médecine. Aborder un phénomène pathologique par le biais de l'altération des tissus, par celui des mécanismes chimiques et des interactions moléculaires entre la cellule et le milieu extérieur, ou par celui des facteurs externes (agression microbienne ou nuisance du milieu), ne remplace ni le diagnostic ni le traitement. Comme pour la dépression, la question cruciale est toujours de savoir comment le clinicien peut intégrer ces nouvelles connaissances dans son action auprès du malade.

II

Le sens

La sémiologie traditionnelle distingue symptômes objectifs et subjectifs ; les premiers sont ceux qu'observe le clinicien (mimique figée, lenteur des paroles, etc.), les seconds sont ceux qu'éprouve le malade et qu'il communique au clinicien. Cette distinction est calquée sur celle de la clinique médicale en général, qui oppose les signes physiques (objectifs) aux signes fonctionnels dont se plaint le malade. En médecine, cette opposition implique une notion de valeur. Les signes fonctionnels sont des symptômes d'appel, ils expriment les plaintes du malade. Les signes physiques sont plus sûrs pour le diagnostic, car ils ne sont pas entachés de « subjectivité », d'interprétations par le malade. Il n'est donc pas nécessaire de les interpréter pour dégager leur véritable valeur sémiologique.

En pathologie mentale, la distinction n'a pas autant d'importance. Signes subjectifs et objectifs ont la même valeur. D'ailleurs, lorsqu'on considère la liste des signes jugés nécessaires pour l'établissement d'un diagnostic, les signes subjectifs comptent plus que les données d'observation. Ceci est manifeste dans le cas de la dépression.

En réalité, en pathologie mentale, cette opposition n'a pas le même sens qu'en médecine générale. Entre la douleur de l'hypocondre droit et la constatation d'un gros foie, il y a différence de nature, mais les deux symptômes sont complémentaires : l'un reflète l'autre. Dans le domaine mental, et particulièrement dans celui de la dépression, la différence est tout autre. Le pessimisme ou les reproches contre soi-même n'ont pas de rapport direct avec la lenteur de la parole ou le figement de la mimique. Il faut en outre éviter d'assimiler signes objectifs et subjectifs aux notions de comportement et d'état mental. En effet, tout comportement visible implique un état de conscience, et toute pensée ou tout sentiment peut être défini comme une forme de comportement. Penser que l'on est indigne ou condamné, s'irriter contre son incapacité ou se sentir vide, sont des actions au même titre que regarder dans le vague ou s'exprimer par monosyllabes. Lorsque le malade dit : « Je suis désespéré », il résume un ensemble de pensées qui se sont succédé en lui et les conclut par un acte de parole. On peut donc décrire la symptomatologie dépressive comme un ensemble d'actions, les unes purement intériorisées sous forme d'opérations de pensée, les autres extériorisées sous forme d'un acte de parole, d'un geste ou d'une attitude. Le clinicien, au cours de l'examen, recueille un ensemble d'informations sur les actions extériorisées et il en infère les opérations de pensée et leur connotation affective.

Comprendre la dépression

Or, nous savons, depuis le philosophe autrichien Brentano, maître de Husserl et de Freud, que toute action est intentionnelle. Elle tend vers la réalisation d'un but. Cette tendance ne résulte pas d'une cause qui précéderait l'action ; elle est une caractéristique de l'action. Celle-ci, bien entendu, se met en place, s'actualise en fonction d'une situation externe et interne qui la motive. Si l'on applique ce principe d'intentionnalité à la dépression, on peut dire que ses symptômes constituent des actes qui visent à la réalisation d'un certain but. Ce qui rend l'analyse plus complexe, c'est que chaque acte répond à des finalités diverses. Se déclarer indigne, c'est à la fois communiquer un ensemble habituel de pensées, tenter d'en persuader l'interlocuteur et se faire du mal à soi-même en s'humiliant. Rester immobile et mutique, c'est à la fois concentrer son activité sur la rumination de sa déchéance, exprimer que l'on n'attend plus le secours de personne et, peut-être aussi, obéir à l'idée que l'entourage cherche à vous persécuter. Si l'on considère que tout être humain est en continuelle interaction avec autrui – soit en pensée, soit en échange verbal – ou avec soi-même, le déprimé n'a pas un sort hors du commun. La monotonie de ses plaintes et de ses reproches ne constitue qu'une forme d'interaction.

La notion d'intentionnalité conduit tout naturellement à celle de compréhensibilité. Ce que pense le déprimé, en dépit des exagérations, nous est accessible. Nous pouvons imaginer que l'on puisse ressentir un tel désespoir ou un tel sentiment d'incapacité. Ce sont d'ailleurs des sentiments qui, sous une forme amplifiée, rejoignent des émotions que nous avons éprouvées. Seules, dans les formes les plus graves, certaines idées de persécution ou de transformation corporelle dépassent cette compréhension. Le philosophe et psychiatre allemand Jaspers opposait, en pathologie mentale, les troubles compréhensibles à ceux dont l'étrangeté échappait à notre imagination. Se croire mort ou transformé en un corps inanimé relèverait de cette seconde catégorie. Jaspers pensait que cette distinction permettait d'opposer deux formes d'affections mentales, les premières obéissant à des règles de transformation psychologique, les secondes à des processus organiques. L'opposition est sans doute trop schématique, et l'exemple de la dépression montre que la même maladie peut associer les deux ordres de phénomènes. Il est vrai que, dans d'autres affections, les états schizophréniques en particulier, l'incompréhensibilité caractérise une part importante de la symptomatologie. On notera d'ailleurs que si l'état dépressif est profondément compréhensible, son état inverse, l'état maniaque, l'est beaucoup moins. On retrouve ici l'opposition entre folie globale et folie partielle de Pinel et d'Esquirol.

L'accélération du cours de la pensée, la fuite des idées, la distractibilité extrême conduisent à une incohérence qui empêche l'interlocuteur de pénétrer la pensée maniaque. Si la dépression apparaît le plus souvent comme un état respectable qui suscite la compréhension, la manie choque et terrifie en donnant de la personne malade l'image de la déraison. Le maniaque devient étranger à soi-même, littéralement aliéné. C'est seulement dans les formes légères que l'état maniaque demeurera compréhensible, lorsque la rapidité de la pensée n'est que vivacité, associée à un sentiment d'euphorie et à un déni des soucis et des peines. Dans l'oscillation maniaco-dépressive, l'incompréhensibilité n'est que le reflet de la gravité des troubles.

Intentionnalité et compréhensibilité nous conduisent tout naturellement au problème de la communication. La philanthropie que l'on accordait aux premiers aliénistes n'était pas liée à leurs bons sentiments ni à leur philosophie politique ou religieuse. Elle reposait sur deux *a priori* fondamentaux : le malade mental conserve sa personnalité en dépit de la folie qui l'aliène, et il est possible de communiquer avec lui. Comme l'écrivait G. Swain[1] à propos de cette pratique nouvelle de la folie qui surgit autour de 1800 : « A la racine de ce qui apparaît alors sous le nom de traitement moral, que trouve-t-on en effet ? Fondamentalement, la prescription de ce qu'il existe, moyennant les ressources d'un certain art de la parole et

1. G. Swain, « Une logique de l'inclusion », *Esprit*, mai 1982, 61-75.

de l'attitude, une possibilité là encore de contourner la folie qui fait obstacle à la communication et d'entrer en rapport humain authentique avec le sujet conservé au milieu de la folie. » Avec les mélancoliques gravement atteints, ceux qu'observent les aliénistes, il s'agit de communiquer malgré la folie. Ce n'est qu'un siècle plus tard, sans doute parce que les cliniciens observent alors des patients moins gravement atteints, que la folie elle-même sera communiquable, c'est-à-dire compréhensible.

Comprendre ne veut pas dire croire. Il ne s'agit pas de partager le jugement du malade, mais d'imaginer par empathie ce qu'éprouve le déprimé. A partir de là, on pourra argumenter et tenter de lui démontrer qu'il a tort de penser ainsi, ce qu'essaie souvent de faire sans grand succès l'entourage. On peut aussi ne faire que témoigner de cette empathie et compatir avec le déprimé, tout en marquant précisément l'écart qui sépare les jugements. On peut enfin croire le déprimé et penser qu'il est ruiné ou qu'il a une maladie grave. C'est d'ailleurs la difficulté où nous sommes de définir ce qui est la réalité et ce qui relève de l'amplification pessimiste, qui devrait nous faire suspendre tout jugement de croyance et ne considérer effectivement que la réalité subjective qui, en tant que réalité psychique, est vraie, indépendamment des réalités extérieures. C'est cette réalité subjective, produit des activités mentales du déprimé, qui constitue son *Erlebnis,* son expérience vécue qu'un jargon à la mode nomme le « vécu ».

Notons bien dès maintenant la nuance : il ne faut pas confondre l'expérience vécue, la réalité subjective, avec les opérations mentales qui la construisent. La manière même dont le déprimé nous décrit ses opérations mentales est trompeuse, elle appartient à son monde des représentations, à son expérience vécue comme histoire et réalité du présent.

Le « vécu » de la dépression

Le déprimé est donc capable de parler de lui, de rapporter comment il voit le monde et comment il se voit. Il décrit les événements, les situations et ses propres actions, et ce sont ces descriptions qui sont signifiées dans ses paroles. Dire : « Je n'ai de goût à rien » est sans doute une manière de faire comprendre à autrui sa misère, de l'émouvoir ou de lui donner à mesurer son indignité. Mais, en même temps, c'est un énoncé qui dégage un trait général d'un ensemble d'interactions concrètes. La réduction du particulier au général, que nous avons vue à l'œuvre dans la clinique sémiologique liée à la logique de la maladie, nous la retrouvons ici lorsqu'il s'agit de la logique du sens. Le patient généralise comme le clinicien. Ce qu'il appelle son monde intérieur, son univers subjectif, est l'objet de systématisations. Le clinicien a raison de se méfier du caractère tendancieux de ces systématisations, mais c'est précisément ce caractère qui dévoile la tendance dépressive.

Peu d'écrivains ont parlé de leur expérience dépressive, sans doute parce que la création littéraire est inhibée sur le moment même et parce qu'après coup, il existe une réticence à revenir, ne fût-ce qu'en souvenir, à un état qui a laissé une impression douloureuse. Le *Journal* de Virginia Woolf est étonnamment discret sur ce que peuvent être les états mélancoliques graves qui ont émaillé la vie de l'écrivain jusqu'à son suicide final. Un des rares exemples est la nouvelle *Aurelia,* qui est pour une large part l'autobiographie d'une crise importante dans la vie de Nerval. Du point de vue psychopathologique, l'auteur prête au sujet des états qui correspondent à des phases maniaques et dépressives. Mais le romancier traite fort différemment les divers aspects des expériences vécues au cours de ces états. A ne s'en tenir qu'aux thèmes, on constate que le sort fait au pessimisme et à l'auto-accusation est très différent de la manière dont est traité le pôle délirant de l'expérience. Pessimisme et reproches sont repris dans la trame de l'expérience personnelle ; nostalgie de la femme-mère et reproches contre sa manière d'agir vis-à-vis d'Aurelia, recours à la spiritualité chrétienne et refus de se plier à une pratique religieuse, sont décrits mais aussi expliqués par la logique des événements et surtout par l'influence des attitudes passées. Par contre, les rêves et les intuitions délirantes sont rapportés à l'état brut, sans tentative d'explication, comme si Nerval voulait en conserver le pouvoir d'évocation dramatique ou poétique.

Un dimanche de février 1853, il se lève « en

proie à une douleur morne ». Un incident, vite interprété, confirme son incapacité : « J'allais visiter son père, dont la servante était malade, et qui paraissait avoir de l'humeur. Il voulut aller seul chercher du bois à son grenier, et je ne pus lui rendre que le service de lui tendre une bûche dont il avait besoin. Je sortis consterné. » Différents événements, tout aussi insignifiants, s'accumulent. Un conflit éclate entre deux passants, un ouvrier porte sur ses épaules un enfant : « Je m'imaginais que c'était saint Christophe portant le Christ et que j'étais condamné pour avoir manqué de force dans la scène qui venait de se passer. A dater de ce moment, j'errais en proie au désespoir dans les terrains vagues qui séparent le faubourg de la barrière. » Il cherche à voir un prêtre, assiste à un office. Errant près des Tuileries, il a le sentiment que le monde est mort et que la nuit éternelle commence. Après quelques heures de sommeil, il se réveille dans les mêmes dispositions. Le soleil est là, mais « je me dis que probablement le soleil avait encore conservé assez de lumière pour éclairer la terre pendant trois jours »... Il finit par se rendre chez des amis. « En entrant, je lui dis que tout était fini et qu'il nous fallait nous préparer à mourir. Il appela sa femme qui me dit : "Qu'avez-vous ? – Je ne sais, lui dis-je, je suis perdu." Elle envoya chercher un fiacre et une jeune fille me conduisit à la maison Dubois [1]. »

Ici, on le voit, les raccourcis dramatiques soulignent le caractère critique d'une expérience qui

1. Maison de Santé municipale du Faubourg Saint-Denis.

prend forme en quelques heures. Mais dans l'expérience de la nuit éternelle, la description est plus lyrique : « Arrivé vers le Louvre, je marchai jusqu'à la place, et là, un spectacle étrange m'attendait. A travers des nuages rapidement chassés par le vent, je vis plusieurs lunes qui passaient avec une grande rapidité. Je pensai que la terre était sortie de son orbite et qu'elle errait dans le firmament comme un vaisseau démâté, se rapprochant ou s'éloignant des étoiles qui grandissaient ou diminuaient tour à tour [1]. » Ce texte nous permet d'établir une nette différence entre le spleen du siècle et une authentique expérience mélancolique, même si cette dernière s'inscrit dans la sensibilité d'un écrivain de génie. Il est évident qu'il s'agit-là d'une expérience particulièrement aiguë et grave. Mais on peut aussi se demander si l'expérience dépressive moyenne, où dominent un pessimisme diffus, une sensation d'épuisement et une impression de baisse de concentration, pourrait donner matière à une œuvre littéraire.

Le sens du « vécu »

Si les témoignages littéraires sont rares, les analyses existentielles et phénoménologiques ne manquent pas. Elles sont existentielles dans la mesure où elles partent d'une expérience vécue unique et où elles restituent la dépression dans le continuum

1. G. de Nerval, *Œuvres*, t. 1, Garnier, Paris, 1958, pp. 801-803.

de l'histoire personnelle. Elles sont phénoménologiques dans la mesure où elles dégagent de cette expérience unique un mode général de rapport au monde qui définit le *Da-Sein* (être-là) dépressif. L'approche phénoménologique part des énoncés du malade et de l'expérience vécue qu'ils traduisent. A partir de ces données particulières, il s'agit d'aller au général, de dégager un type et, surtout, de décrire ce mode d'être au monde sans préjuger des causes ou des mécanismes de la dépression. En outre, ce type n'est pas constitué par la somme des symptômes, mais il vise à les dépasser en comprenant la manière dont ils s'articulent entre eux. Il s'agit d'identifier le projet central qui anime le déprimé et qui est à l'origine des symptômes.

Certaines de ces analyses phénoménologiques demeurent proches du contenu des thèmes, telle celle de von Gebsattel, en Allemagne, qui insiste sur la dépersonnalisation et le sentiment d'étrangeté dans les relations avec autrui. Cette irréalité de l'expérience dépendrait d'une division du moi et d'une tentative constante de ces deux parties de soi à se retrouver, l'une représentant le sentiment conservé de plénitude et de liberté, l'autre l'attitude de négation et d'isolement. En France, Digo a construit une analyse phénoménologique à partir du sentiment d'ennui et de l'impression de répétition : l'ennui normal est lié à l'objet qui fait défaut, l'ennui dépressif est endogène, il est dans l'acte même de la vie.

La plupart des analyses phénoménologiques se sont efforcées de prendre plus de distance vis-à-vis des thèmes, et de rechercher une structure latente qui les ordonnerait et leur donnerait cohérence. Elles s'orientent vers une perturbation fondamentale de l'action ou du rapport de l'homme au temps. Pierre Janet décèle chez le mélancolique une peur de l'action. Mais il faut entendre ici le terme action dans son sens le plus large : « Un objet est avant tout un objet comestible, un objet sexuel, un objet auquel nous avons à parler, à commander quelque chose, il est caractérisé par les actions que nous avons à faire sur lui ou à propos de lui. Cet acte peut être réduit à peu de choses et ne se manifester que par ces ébauches d'actions plus ou moins avancées que nous appelons des désirs. La perception d'un objet n'est pas un acte caractéristique suspendu tout à fait à ses premières phases[1]. » La peur normale ou pathologique a pour effet direct la suspension de l'action. Chez le mélancolique, cette peur se généralise à toutes les actions : « L'homme qui ne peut plus faire aucun acte, ni en désirer, ni en rêver aucun, ne peut plus vivre ni tolérer sa propre vie. »

C'est à Minkowski[2] que l'on doit en France la plus complète analyse du trouble de la temporalité dans la dépression. En Allemagne, elle a été développée par Straus (cité par Ey) et surtout par Tellenbach[3]. On trouvera dans les descriptions de Henri Ey[4] une excellente analyse de ce qu'il

1. P. Janet, *De l'angoisse à l'extase*, Paris, Alcan, 1926, p. 329 et 368.
2. E. Minkowski, « Le temps vécu », *Évol. Psych.*, 1933.
3. H. Ey, *Études psychiatriques*, t. 3, Paris, Desclée de Brouwer, 1954.
4. H. Tellenbach, *La Mélancolie*, Paris, PUF, 1979.

appelle la désorganisation temporelle éthique de la conscience. L'élément fondamental de l'expérience mélancolique réside dans le fait que se trouve suspendue notre perception habituelle de cet écoulement par lequel nos actes s'inscrivent toujours par rapport à un passé, un présent et un avenir. C'est ce sens anormal de l'écoulement du temps et de notre position qui, à travers nos actes et le sentiment de notre identité, nous place « à contre-courant ». Dans la dépression, le malade a l'impression de marcher négativement par rapport au temps. Straus (cité par Ey) parle d'une rétroactivité du temps vécu *(Rückgang auf dem Zeitserlebnis)*.

Il s'agit donc, nous dit Minkowski, d'une maladie du temps. Le malade n'a plus conscience d'un avenir qui viendrait à sa rencontre ou qu'il peut percevoir de manière anthropomorphique comme un horizon vers lequel il se dirige. A l'inverse, il se sent fuir vers le passé, attiré par lui. « Le malade, écrit Ey, a l'impression de marcher négativement par rapport au temps... de tourner en sens inverse de la terre, et le temps fuit pour lui d'une manière atroce. »

A partir de cette donnée fondamentale, toute la pathologie de la dépression va pouvoir être décrite comme l'expression d'un trouble de la temporalité. Il faudrait pouvoir citer ici toute la description lyrique qu'en fait Ey : « Pathétique immobilité, suspension de l'existence, syncope du temps, la mélancolie est un arrêt. L'entrain, la vitesse, le dépassement, la course, la poursuite, la préparation, la marche, le progrès ou le projet, pour autant que tous ces mouvements désignent des modalités d'existence ou de coexistence dont la finalité se confond avec l'élan de l'action dans le temps, sont radicalement impossibles. Par contre, la stagnation, le piétinement, l'attente, la réitération et la rétrogradation, seules formes d'activité de cette inaction, battants "sur place" la mesure de l'inertie mélancolique. Le déroulement du temps cesse d'animer et de promouvoir la conscience stoppée dans son élan et il se réduit, comme étranger au mouvement impossible de l'être, à mesurer, comme le métronome de l'uniformité et de l'ennui, le défaut de synchronisme entre la durée qui s'écoule comme une hémorragie et la nullité du temps incorporé à l'action. » Le pessimisme, la culpabilité, l'angoisse, les idées délirantes éventuelles, le figement de l'action sont autant de « signes » de ce rapport pathologique au temps.

Tellenbach part, lui aussi, de l'expérience du temps : « La phase mélancolique fait apparaître une forme de cinétique qui se distingue des fluctuations normales par une altération qualitative du caractère historial. Celle-ci se manifeste dans le ralentissement ou l'accélération pendant des fluctuations journalières extrêmes, mais surtout quand le rythme semble supprimé : dans la permanence de l'insomnie, de la tristesse et de l'angoisse, dans la monotonie d'une agitation ou d'une excitation anxieuse qui tourne à vide des mois durant. » Tellenbach voit dans ce trouble de l'« historial » l'explication de la paralysie de l'action ; une action qui ne se projette pas dans un futur immédiat n'a plus de sens : « La manifestation la plus complète de cette altération s'exprime dans la notion d'inhibition qui, dans son acception totale, se réfère au flux de l'historial et qui comporte aussi bien la possibilité de la réversibilité, lors de laquelle le flux inhibé s'écoule à nouveau, que l'écoulement trop rapide de la désinhibition dans la manie. »

Le mouvement phénoménologique est d'inspiration allemande et française. Les références à Husserl, à Jaspers et surtout à Heidegger marquent le courant allemand ; l'inspiration bergsonienne est évidente chez les auteurs français. Il est frappant de voir combien, jusqu'à ces dernières années, ce mouvement a été ignoré dans la psychiatrie anglo-saxonne. Il joue toutefois un certain rôle dans le mouvement antipsychiatrique. Laing n'a fait montre que d'une apparente originalité lorsqu'il a défini la maladie mentale comme une simple modalité de l'existence ; il s'est référé à des données phénoménologiques très traditionnelles, celles qu'apporte à notre connaissance de la dépression cette tradition du sens. Cette approche facilite la communication avec le malade en rendant le trouble compréhensible. En ce sens, il ne fait pas de doute qu'elle a joué un rôle utile. Mais est-elle en mesure d'apporter davantage ?

Demandons-nous tout d'abord ce qu'apporte la phénoménologie de la dépression à la sémiologie traditionnelle. Il est clair que la lecture d'une description phénoménologique laisse un sentiment de vérité et de réalisme qui contraste avec la sécheresse abstraite d'une liste de symptômes. Inversement, lorsqu'il s'agit de préciser l'intensité d'une dépression, la mesure de chaque symptôme permet une évaluation quantitative assez bien reproductible d'une observation à l'autre, alors que l'évaluation faite d'après la perception d'ensemble du vécu dépressif est sujette à de grandes distorsions. Mais l'écart entre les deux méthodes tient avant tout à la différence de logique qui les inspire.

Ces deux approches partent du particulier pour aller vers le général. Mais alors que la sémiologie généralise pour chaque symptôme à partir d'un ensemble d'observations concrètes, la phénoménologie tente une approche existentielle d'ensemble : elle totalise l'observation en reliant entre eux tous les traits pour aboutir à une vision globale de l'expérience vécue de l'individu. Elle construit un type à partir des expériences individuelles. Elle procède donc à une synthèse des traits observés, et non à une sommation des symptômes. Cette synthèse permet d'écrire l'ensemble des traits dépressifs d'un individu comme une totalité intégrée dans la personne, même si l'on relève, avec von Gebsattel, l'opposition entre le moi déprimé et le moi non déprimé. Ces traits sont dépendants les uns des autres. L'un ne peut exister sans l'autre et leur ensemble en dit plus long que leur simple addition. On peut dire que la méthode phénoménologique approche les actions dépressives comme une structure obéissant à une certaine finalité. Il y a donc un principe d'organisation qui caractérise le sens général de la structure, que ce soit l'empêchement de l'action chez Janet ou la rétro-activité du temps chez Minkowski. Alors qu'à partir de la sémiologie, on cherche un facteur statistique qui explique les corrélations et dont on tente de donner une explication psychologique, la phénoménologie pose d'emblée l'hypothèse d'un facteur organisateur dont il s'agira de vérifier le poids. Dans l'une, les facteurs sont déduits de données statistiques ; dans l'autre, ils sont induits à partir d'une intuition globale.

Que vaut cette approche phénoménologique ? Du point de vue descriptif, elle est irréfutable, puisqu'elle est une certaine manière de décrire l'évidence, les actions du déprimé dans la démarche intentionnelle qui les caractérise. Comme Sartre l'a dit à propos de l'imaginaire, nous sommes là dans le domaine du certain.

Mais la question est précisément de savoir ce que vaut ce degré de certitude, ou plus précisément la quantité d'information qui est véhiculée. Si l'on dit : « Le malade dit qu'il est déprimé », la certitude est quasi absolue, mais la quantité d'informations demeure faible. Lorsque le psychiatre phénoménologiste écrit : « Le mélancolique est livré au mal, se livre au mal et doit se livrer au mal [1] », la formule est éloquente et, d'un trait, décrit bien un ensemble de comportements et d'attitudes. Elle n'explique rien, mais elle résume. Il y a ainsi différentes formules tout aussi exactes pour camper le portrait du déprimé. Elles sont toutes évidentes ; mais l'information qu'elles nous apportent est-elle utile ? En outre, ces manières de décrire le mélancolique sont très dépendantes

1. H. Ey, *op. cit.*, p. 152.

de la langue et de la culture. Le psychiatre japonais Kimura, cité par Tellenbach[1] a construit une analyse phénoménologique à partir de concepts qui sont difficilement transposables dans notre langue. Le *Ki*, par exemple, représente à la fois le souffle originel et l'âme individuelle. L'harmonie du *Ki* et son altération jouent un rôle important dans les troubles mentaux endogènes. Mais que représente ce concept ? On conçoit d'ailleurs le danger, pas toujours bien perçu par les phénoménologistes, qu'il y a à utiliser des concepts suffisamment généraux et des métaphores assez vagues pour décrire un état qui revêt des formes individuelles fort diverses. Ici encore, la quantité d'informations utile diminue lorsque l'imprécision des descriptions permet d'en généraliser l'application.

Si l'on s'attache à la quantité d'informations apportée par l'analyse phénoménologique, c'est que l'on doit se demander si elle a, outre sa valeur descriptive, une valeur explicative. Certains auteurs se sont contentés d'utiliser la phénoménologie à des fins descriptives, comme un point de vue complémentaire à la sémiologie classique. Mais, en règle générale, la phénoménologie est utilisée à des fins explicatives. L'exemple le plus connu, et qui exerce encore une grande influence en France, est celui de Henri Ey dont le modèle, valable d'ailleurs pour l'ensemble de la psychiatrie, est connu sous le nom d'organo-dynamisme. Le neuropathologiste anglais Jackson avait pro-

1. Tellenbach, *op. cit.*, p. 55.

posé une théorie selon laquelle, quand un centre nerveux est lésé, les fonctions assurées par ce centre sont atteintes et les fonctions plus automatiques qui sont contrôlées par ce centre se trouvent libérées. Cette théorie repose sur une conception hiérarchique des centres nerveux, elle-même issue des théories évolutionnistes et des vues comparatives sur les différentes organisations nerveuses des espèces animales. Henri Ey applique cette théorie à la pathologie du comportement et pose comme principe qu'une altération des fonctions cérébrales entraîne un déficit primaire de certaines fonctions psychologiques, une forme de destruction de la conscience, et libère d'autres modalités de conduites témoignant d'une régression à des formes plus élémentaires de comportement, liées évidemment aux interactions avec l'entourage. Dans la mélancolie, la perturbation du sens de la temporalité et l'inhibition de l'action seraient les marques essentielles de la désorganisation de la conscience propre à la maladie, autrement dit la « structure négative ». Les autres signes de la dépression, la thématique pessimiste, les idées délirantes éventuelles, l'angoisse, les fantasmes de destruction, constitueraient au contraire la « structure positive », c'est-à-dire la manière dont le sujet atteint de cette forme de désorganisation réagit aux circonstances de son existence et de son histoire. La dépression mélancolique apparaît donc bien comme une maladie liée à un dérèglement primaire des fonctions nerveuses, mais dont une partie de la symptomatologie dépend de facteurs psychologiques.

Tellenbach, pour sa part, accorde un rôle décisif à la personnalité du déprimé telle qu'on peut l'étudier en dehors des accès. Il a étudié essentiellement la forme périodique de dépression sans accès maniaque, en d'autres termes la forme monopolaire de la maladie maniaco-dépressive. Il constate que les traits de personnalité qui se retrouvent chez tous ces sujets reflètent un attachement à l'ordre. Tous ces malades, entre les accès, sont scrupuleux, très sensibles aux exigences morales ; le sens du devoir est chez eux développé à l'extrême. Ces traits ne définissent pas une personnalité pathologique ; seules leur intensité et la place qu'ils occupent dans la personnalité confèrent à celle-ci un profil caractéristique que Tellenbach appelle le *« typos melancholicus »*. Ce qui n'est pas normal, c'est la fragilité de ces sujets qui vont rencontrer deux types d'épreuves : l'impossibilité de répondre aux exigences de l'action que leur commande la situation, la crainte de rester en deçà de ces exigences. La première situation, dite d'includence, révèle l'intensité des contraintes que le sujet se donne ; la seconde, dite de rémanence, révèle la hantise de la dette. Mais, pour que la crise ainsi créée par l'une de ces épreuves entraîne une dépression, il faut l'intervention d'un facteur endogène. L'*endon* sera conçu comme une région de l'être qui règle les conduites de l'intérieur. Dans cette région, les rythmes biologiques jouent un rôle important. Quand il s'agira pour l'individu de faire face aux situations intenables dans lesquelles il projette son *typus melancholicus*, la réponse sera une rupture des rythmes normaux de l'endon. L'altération des rythmes, vérifiable biologiquement, s'accompagnera d'une perturbation de la conscience du temps.

De la description phénoménologique, celle du type mélancolique ou de la perturbation temporelle de l'endon, nous passons à une explication de l'enchaînement des phénomènes. Cette démarche explicative de l'analyse phénoménologique s'efforce d'articuler l'organique avec la psychogenèse, l'endogène avec l'exogène. Double articulation d'ailleurs entre les phénomènes biologiques et l'expérience vécue : ce qui dépend directement de l'endogène (symptômes primaires chez Ey, endon chez Tellenbach) a une expression biologique et une traduction psychologique ; en outre, entre l'endogène et les rapports psychologiques avec le milieu, il y a une relation causale. Chez Ey, l'endogène altère les formes normales d'adaptation psychologique et leur substitue des expériences régressives. Chez Tellenbach, l'endogène répond à la situation de crise que provoquent des difficultés d'adaptation psychologique.

Ces modèles, dont la complexité tient à la difficulté d'intégrer l'expérience vécue au biologique, ont pour avantage de faire comprendre l'utilité d'associer des thérapeutiques biologiques et psychologiques et de donner une justification théorique à ces associations. Ils cherchent à dépasser le dualisme entre organogenèse et psychogenèse et à fonder une logique unique, incluant les deux ordres de causalité. Ils n'écartent pas la notion de maladie mentale il n'est pas question d'identifier le pathologique au normal. Bien au contraire, ces modèles permettent de situer sur des plans différents les mécanismes psychologiques d'adaptation et ceux de la maladie endogène. Le rapport entre la maladie et les symptômes n'a plus le caractère décousu de la conception traditionnelle. Il y a une connexion logique entre les dérèglements biologiques et le tableau psychologique. Les premiers ne sont plus producteurs de conduites pathogènes, mais ils perturbent une régulation psychologique. En somme, d'une relecture des symptômes, on en vient à une explication dualiste de la maladie.

Cette explication s'inscrit néanmoins dans une logique de la maladie. Le courant phénoménologique représente une étape dans la compréhension du symptôme en rétablissant la logique du sens. Mais cette étape clôt-elle l'histoire de la sémiologie ou bien ouvre-t-elle la voie à de nouveaux développements ?

L'explication phénoménologique réalise en fait une tentative d'intégration des données biologiques et de la compréhension de l'expérience vécue. Elle constitue une réponse au défi que nous posent, depuis l'origine, les études sur la dépression et le dualisme de l'organique et du psychologique. Mais si tel est bien le centre du débat, la logique du sens, la compréhension de l'expérience vécue constituent-elles des bases fécondes pour serrer de plus près les rapports entre le fonctionnement du cerveau et l'action humaine, en l'occurrence la conduite dépressive ?

Il nous faut donc revenir aux principes de la

description phénoménologique et nous demander si ce mode d'analyse du comportement permet d'aller plus loin que la simple description. Quand la personne déprimée déclare : « Je suis déprimée depuis que j'ai perdu ma mère », que veut-elle dire ? On doit d'abord s'interroger sur la vérité des intentions conscientes de l'acte de parole, ce qui sera discuté à nouveau à propos de la psychanalyse. Mais admettons que l'expression corresponde bien à l'expérience vécue. Il ne s'agit pas seulement d'établir ici un rapport de causalité entre un événement et un état mental qui lui a succédé. On pourrait en effet ne considérer que ce rapport de causalité et se demander, par exemple, si la dépression est plus fréquente chez ceux qui ont subi une perte récente plutôt que chez d'autres : on traitera alors l'événement comme un fait objectif ; dans la logique classique, celle de Hume, le rapport de causalité implique que nous observions une régularité de survenue d'un type d'événement (la dépression) après la survenue d'un événement (la perte objective) d'une *autre* classe : la cause n'étant pas de même nature que l'effet, ni ne se transformant sous l'influence de l'effet produit. Mais quand il nous dit : « Je suis déprimé depuis la mort de ma mère », le déprimé entend formuler une évidence et non un rapport de causalité. Il inclut les sentiments éprouvés à cause de cette disparition objective dans une classe plus vaste : celle de la dépression qui s'est développée à partir de ces sentiments Le lien réside ici dans la connexion logique que le malade établit entre certains sentiments ou actes de pensée et un ensemble plus vaste de sentiments ou actes de pensée qui caractérisent la dépression. Il ne s'agit plus ici d'une relation de cause à effet, mais du lien entre un ensemble d'actions (être déprimé) et un motif (l'expérience vécue de la mort d'un être cher).

Cette expérience vécue qui a été liée à un événement du passé demeure présente. Le patient pourrait nous dire : « Je suis déprimé parce que je vis douloureusement avec le souvenir de ma mère disparue. » La connexion logique est indiscutable, elle est une évidence : elle ne propose pas un lien de causalité, mais énonce une relation d'implication entre un ensemble de sentiments (le deuil) et une classe plus vaste (la dépression). La dépression *contient* la douleur liée à la perte. Celle-ci fait partie de la dépression. En ce sens, le déprimé ne nous apprend rien ; il nous décrit la place qu'occupent ses pensées au sujet de sa mère dans l'ensemble de ses pensées dépressives. Bien sûr, nous pouvons nous demander s'il n'existe pas d'autres motifs, donc d'autres sens. Nous établirons alors un réseau de connexions logiques.

Cette démarche est légitime en clinique. C'est elle qui permet d'établir une communication fondée sur la compréhension. Comme tout autre, et plus encore en raison de sa souffrance, le déprimé a besoin d'être compris et de se comprendre lui-même. Mais il s'agit de savoir si nous devons en rester là et considérer que l'explication de la conduite dépressive peut se réduire à la compréhension de ses mobiles. Ce sont les limites de la logique du sens qui sont ainsi posées.

Une erreur de jugement

Il existe des obstacles naturels à la compréhension. Le patient peut ne pas savoir pourquoi il est déprimé. Il peut même ne pas reconnaître l'existence de sa dépression. Il se croit simplement fatigué ou anxieux. Dans les formes plus graves, lui-même ou son entourage constatent une discordance entre les motifs supposés et l'ampleur de l'état dépressif. Le recours à l'endogène, à l'anomalie du fonctionnement cérébral, devient alors une explication qui dispense d'aller plus loin.

Mais, en demeurant dans la logique du sens, c'est-à-dire de l'intentionnalité du sentiment dépressif, la recherche du motif psychologique peut tenter de dépasser l'obstacle. On peut supposer que les connexions logiques sont masquées ou déformées par une erreur de raisonnement. C'est dans cette direction que s'est engagé, aux États-Unis principalement, tout un courant dit de psychologie cognitive. L'objectif est de découvrir l'altération de la logique du sens.

Beck[1] a développé ce point de vue avec une grande rigueur. Il considère que le trouble dépend d'un mode de pensée qui est dominé par la règle inflexible selon laquelle toute action serait absolument bonne ou absolument mauvaise. Ce type de raisonnement serait acquis très tôt dans l'enfance, et s'il persiste à l'âge adulte, il prédis-

1. A. T. Beck, *Depression : Clinical experimental and theoritical aspects*, New York, Harper and Row, 1967.

poserait à la dépression. Contrairement à l'opinion généralement admise qui voit dans le trouble de l'humeur le noyau de la dépression, Beck insiste sur le rôle majeur de l'autocritique, de l'exagération des difficultés externes et du manque de confiance *(hopelessness)*. Le trouble du raisonnement entraînerait en effet une vue altérée de soi-même et des événements. Les déprimés sont extrêmement sensibles à ce qui s'oppose à leurs actions, ils accordent une importance exagérée aux difficultés mineures, ils voient des critiques majeures dans la moindre observation faite par autrui et se dévaluent. Ces préoccupations se retrouvent de façon stéréotypée dans la manière dont ils parlent d'eux-mêmes, dans leurs fantasmes et dans leurs rêves. Leurs jugements sont inappropriés à la réalité des situations et reflètent une déformation constamment négative de soi-même, du monde et de l'avenir.

Ces pensées négatives, même de brève durée, entraînent des réactions anormales qui sont perçues comme tristesse, angoisse et culpabilité. Les désirs s'éteignent et laissent place à la passivité et à la résignation. Souvent, un domaine privilégié est la cible du raisonnement dépressif. Chez l'un, ce sera l'accomplissement des tâches professionnelles qui sera électivement touché. Chez l'autre, ce seront ses rapports familiaux ou sa vie sentimentale.

Un trait important de ce mode de raisonnement est qu'il ne peut être corrigé par l'expérience. Ni les succès, ni l'approbation, ni l'affection d'autrui ne peuvent l'amender. L'appréhension sévère – et toujours à sens unique – des effets des actions empêche toute transformation adaptative du mode de pensée. Il s'agit donc d'un style de raisonnement qui maintient le déprimé dans un système fermé à toute correction. La thérapeutique proposée consistera à agir électivement sur lui grâce à une action psychothérapique essentiellement correctrice, destinée à renforcer toutes les pensées qui peuvent échapper à sa contrainte.

On voit que la théorie de Beck n'est pas très éloignée des approches phénoménologiques et que, sous une forme simplifiée et d'inspiration plus behavioriste, elle rejoint la description du type mélancolique de Tellenbach.

Le dit et le non-dit

Une autre forme d'altération de la logique du sens relève de l'existence de motifs inconscients. La psychanalyse nous apprend en effet qu'une part des mobiles qui guident nos actes ne peut être perçue. Il serait difficile de réduire l'investigation psychanalytique à cette seule découverte, mais une grande partie du succès actuel de cette méthode d'investigation tient au fait que, dans l'esprit de beaucoup, elle apparaît comme un complément dans la recherche des mobiles et pour la découverte du sens. Dans cette perspective trop limitée, la psychanalyse s'inscrit donc encore dans la logique du sens. Il est vrai que Freud lui-même s'est souvent servi de cette logique pour démontrer l'existence de mobiles inconscients : devant un acte inexplicable, au lieu d'invoquer quelque désordre de la pensée, il convient de le traiter comme toute action, de rechercher sa logique ; mais cette logique ne se trouve pas dans la vie consciente du patient, la découverte du mobile inconscient vient en somme rétablir la logique de l'intentionnalité. Seulement, ce mode d'interprétation s'applique à des actes simples, et Freud a surtout utilisé cette argumentation pour expliquer le mécanisme des actes manqués, des lapsus, de ce qu'il a appelé la psychopathologie de la vie quotidienne. Lorsqu'il s'agit d'étudier une organisation plus complexe de la vie mentale comme la dépression, la logique du sens ne suffit pas.

Il faut élargir le débat. La logique du sens est insuffisante non seulement parce qu'elle rencontre des obstacles de fait, mais parce qu'elle constitue une théorie explicative de l'action qui demeure fermée sur elle-même. « La révolution scientifique dans le domaine de l'homme, comme l'a très bien dit G. G. Granger [1], consiste d'abord à se libérer des modes de découpage naïfs véhiculés par le langage usuel. L'événement humain, y étant pris au niveau des significations vécues, ne donne lieu qu'à une pseudo-science, discours plus ou moins habile qui ne fait que refléter une pratique empirique, même s'il s'élève à la hauteur d'un art. » La description du « vécu » dépressif illustre bien ce propos.

La logique du sens nous est d'autant plus acces-

1. G. G. Granger, *Pensée formelle et Sciences de l'Homme*, Aubier, Paris, 1967.

sible qu'elle est celle du sens commun, qui régit la conscience que nous prenons de nos actions quotidiennes. C'est ce qui justifie le succès de l'approche phénoménologique et qui explique pourquoi le déprimé s'y réfère si volontiers. Nous sommes explicitement ou implicitement conscients de l'intentionnalité et du mobile de nos actions. Nous pouvons toujours en rendre compte à autrui. Supposons que je demande à un ami pourquoi il ne veut pas sortir ce soir ; s'il me répond : « Parce que je ne me sens pas en forme », et si, l'interrogeant encore sur ses motifs, il me répond qu'il est déçu d'avoir échoué dans une tâche qui lui tenait à cœur, je peux certes mettre en doute ses raisons, mais si je me résous à croire en sa sincérité, l'évidence s'impose. A moins de rechercher quelque raison cachée, je ne peux qu'accepter ses mobiles. En réalité, les précisions qu'il m'apporte ne constituent pas un enchaînement de causes à effets, mais l'explicitation progressive d'éléments inclus dans son refus. Celui-ci contient sa tristesse, et sa tristesse implique sa déception.

La vie quotidienne nécessite que nous puissions nous expliquer de la sorte sur nos motifs. C'est le fondement d'une compréhension mutuelle qui guide ce que l'on peut appeler une pratique sociale ordinaire. La pratique clinique en est un prolongement. Et le déprimé peut éprouver un grand réconfort à être compris selon un mode de relation qui ne diffère pas du mode habituel. Mais ce qu'il convient de souligner ici, c'est que cette compréhension ne permet pas de se dégager de la conscience commune. Elle n'offre pas une ouverture pour une autre forme d'explication de l'action.

En d'autres domaines de la pratique humaine, la même réserve s'impose. La science ne s'est jamais construite comme un perfectionnement des pratiques usuelles, mais au contraire comme un nouveau regard, désintéressé au départ, porté sur les objets et les événements familiers. Je regarde un cerisier en fleurs, je sais que dans quelques semaines ces fleurs se transformeront en petits fruits rouges et un peu acides : ce savoir appartient à la représentation que je me fais de ce cerisier, c'est une évidence qui guide mes actions vis-à-vis de l'arbre et qui me conduisent, par exemple, à en protéger les fleurs. L'approche scientifique consistera à renoncer à cette vue pratique, à étudier par des moyens d'observation d'une autre nature le mécanisme de transformation des fleurs en fruits, les échanges chimiques au sein des tissus que ce mécanisme présuppose, etc. La science n'apporte rien de nouveau à ma « pratique » de l'arbre, du moins tant que des applications scientifiques nouvelles ne viendront pas la modifier.

De même, l'expérience vécue de la dépression relève des représentations que nous avons de notre activité mentale. Pour aller plus loin, il faudra renoncer à ces représentations naturelles. Ceci requiert que nous rompions avec la phénoménologie du sens commun, que nous isolions d'autres trames dans le tissu d'actions qui expriment les traits de la dépression. Il faudra se demander ce que devient le système de pensée qui existait avant l'accès dépressif ; s'il persiste à l'état de souvenirs, comment ceux-ci s'articulent avec les pensées dépressives. Ce sont de nouveaux modes d'observation qu'il convient d'inventer, de nouvelles manières de regarder le fil des actions, de les découper dans la trame de l'activité mentale. Il nous faut en somme trouver d'autres langages.

Le sens commun résiste à une telle entreprise. Il l'accepte lorsqu'il s'agit de faits physiques ou des autres êtres vivants. Nous avons beau connaître la taille et la distance du Soleil, sa composition chimique et le mouvement de la Terre autour de lui, nous continuons à nous le représenter et à le « pratiquer » comme avant Copernic. Mais lorsqu'il s'agit de notre propre identité, surgit la crainte qu'un nouveau découpage des phénomènes n'altère sa représentation. Le déprimé s'inquiète de ne pouvoir comprendre le rapport entre l'action du médicament et son expérience vécue. Le clinicien redoute que toute tentative pour mieux saisir ce rapport ne l'éloigne de cette compréhension d'autrui qui demeure, à juste titre, le fondement éthique de son action.

L'effort des phénoménologistes pour construire une théorie explicative a répondu à cette crainte, mais la faiblesse de leur tentative tient paradoxalement aux limites des descriptions de l'action sur lesquelles ils se sont appuyés. D'autres analyses du comportement dépressif permettraient peut-être un renouveau de ces descriptions.

III

L'inconscient

Pour bien comprendre ce qui fait l'originalité de la psychanalyse par rapport à une phénoménologie de l'expérience vécue, le mieux est de se référer à l'article écrit par Freud en 1915 et intitulé « Deuil et mélancolie [1] ». Il ne s'agit pas du premier travail psychanalytique sur le sujet. Son élève, K. Abraham, en avait déjà publié plusieurs et notre but n'est pas de retracer l'histoire de la collaboration entre les deux hommes [2]. Depuis lors, une très importante littérature est venue s'ajouter à ce texte et sur certains points, il doit être complété ou nuancé. Pourtant, il nous apporte l'essentiel, et tous les psychanalystes se sont toujours situés par référence à lui. Il illustre fort clairement la démarche intellectuelle de son auteur.

Freud a bien conscience du caractère limité de ses observations. Elles portent sur un petit nom-

1. S. Freud, in *Métapsychologie*, Gallimard, Paris, 1968.

2. On trouvera les informations utiles dans G. Rosolato et D. Widlöcher, « K. Abraham, Lecture de son œuvre », in *La Psychanalyse*, t. 4, p. 153-178, Presses Universitaires de France, Paris, et dans Ebtinger, « Le dialogue Abraham-Freud sur la mélancolie », *Confrontations Psychiatriques* n° 14, 1976, pp. 159-197.

bre de cas et elles ne sauraient expliquer à elles seules un trouble dont il reconnaît d'emblée qu'il allie des aspects psychologiques et des aspects organiques. Ce qui l'intéresse, c'est de mettre en évidence quelques mécanismes qu'il a observés chez des déprimés où les facteurs psychologiques jouaient un rôle indiscutable. Il part d'une comparaison déjà faite par Abraham entre la mélancolie et le deuil[1]. Comparaison et non explication, car on savait, depuis longtemps déjà, que la dépression pouvait succéder à un deuil. Ici, il s'agit de comparer l'activité mentale du déprimé avec celle du deuil normal. Ce dernier réalise un paradoxe : c'est une expérience universelle et pourtant, si on oublie sa normalité statistique, il réalise un état mental comparable à une maladie. Il a une cause, il s'exprime par des signes assez constants et suit une évolution régulière. « Il est aussi très remarquable qu'il ne nous vienne jamais à l'idée de considérer le deuil comme un état pathologique et d'en confier le traitement à un médecin, bien qu'il s'écarte sérieusement du comportement normal. Nous comptons bien qu'il sera surmonté après un certain laps de temps, et nous considérons qu'il serait inopportun et même nuisible de le perturber. » La différence entre les deux états n'est donc pas de nature, mais d'ordre pratique, et, du point de vue psychologique, la comparaison se justifie. Le normal éclaire partiellement le pathologique.

Dans l'état de deuil, on retrouve donc presque

1. *Deuil* doit être pris ici dans son vrai sens à savoir l'état affectif consécutif à la perte de quelqu'un, et non cette perte elle-même.

tous les traits de la mélancolie : la fixation douloureuse des préoccupations, la perte d'intérêt pour ce qui est étranger à ces préoccupations, l'absence de désir pour toute autre situation, l'abandon de toute activité. Et pourtant, le deuil est tout à fait compréhensible. C'est même parce que nous savons si bien l'expliquer que ce comportement ne nous semble pas pathologique. Sémiologie et compréhension vont ainsi de pair.

L'action inconsciente

Mais Freud complète cette description par une approche beaucoup plus originale. Il décrit dans le deuil un ensemble d'opérations de pensée destinées à réaliser une certaine tâche. Il fonde cette analyse sur la théorie des pulsions qu'il a édifiée et qui unifie toutes les formes d'attachement à un objet (être ou situation) autour d'une énergie commune, la libido. Ce n'est pas ici le lieu de discuter cette théorie de la libido : disons qu'elle permet à Freud de décrire le travail mental du deuil [1] qu'il conçoit comme un détachement progressif de l'objet auquel la libido était fixée, un désinvestissement des représentations de cet objet.

La perte d'un objet aimé entraîne deux courants de pensée. D'une part, le sujet conserve l'illusion que cet objet demeure. Il continue de

1. La différence de sens entre deuil et travail de deuil *(Trawerarbeit)* est très significative. Le deuil définit l'état affectif, le travail de deuil caractérise les opérations mentales que le sujet accomplit durant le deuil.

vivre comme si l'objet n'avait pas disparu. En même temps, les faits de la vie quotidienne lui donnent à chaque instant la preuve que la perte est bien réelle. L'illusion doit céder la place à la réalité. Mais cette confrontation, qui est toujours l'occasion d'un émoi douloureux, dure un certain temps. Le travail du deuil ne sera réalisé que progressivement, dans la douleur, jusqu'au moment où la croyance en la présence de l'objet cédera définitivement la place à la conscience permanente de la perte. Le souvenir et la nostalgie auront remplacé l'illusion. Le moi se trouvera alors disponible pour d'autres tâches, d'autres attachements, d'autres désirs. On pourra parler d'une guérison de l'état de deuil.

Cette analyse, en dépit de son caractère explicatif, demeure toute proche de l'observation clinique. La meilleure preuve en est qu'à la même époque, Marcel Proust, sans qu'il y ait eu aucune influence réciproque, donne une description du deuil fort voisine. Ce qui en fait l'originalité, c'est la manière dont, s'écartant de la sémiologie, elle découpe dans le tissu de l'activité mentale du deuil des pensées d'intentionnalité contradictoire. Le sujet n'est plus considéré comme l'agent volontaire de la pensée, mais comme le lieu d'opérations mentales incompatibles dont le destin dépend d'un rapport de forces. Chaque pensée a sa finalité propre, elle tend à dominer la scène et ne trouve de frein que dans la finalité contraire d'autres pensées. Il n'est plus ici question de comprendre le sujet ; mais de comprendre chacune de ses pensées, chacun de ses actes.

Dans la mélancolie, le travail ne se fait pas ou du moins se fait fort lentement et fort difficilement, comme en témoigne la longueur de l'accès. Pourtant, il s'agit bien encore d'une perte. Perte souvent consciente, que ce soit la disparition d'un objet aimé, le désenchantement d'un idéal ou l'éloignement d'une affection. En d'autres cas, tout le comportement du malade est celui d'un deuil, quoique nous ne voyions pas mieux que lui ce qu'il a perdu. Souvent, bien qu'il sache quel objet il a perdu, il ne sait pas ce qu'il a perdu *dans* cet objet. Première hypothèse, par conséquent : la mélancolie réalise le deuil d'un objet inconscient. On comprend dès lors que le travail de deuil ne puisse se faire, puisqu'aucune épreuve de réalité ne peut être opposée efficacement à un objet inconnu. Le mélancolique se fige dans l'expérience consciente d'une perte dont il ne connaît pas le motif. De ce seul fait, il ne peut y renoncer.

Pour mieux comprendre les raisons de cette ignorance, il faut porter son attention aux signes cliniques qui existent dans la mélancolie et qui n'appartiennent pas au deuil normal. Ces signes, si l'on s'en tient du moins aux signes psychiques, sont tous des expressions de la dépréciation de sa propre image, de l'agressivité retournée contre soi-même. « Dans le deuil, écrit Freud, le monde est devenu pauvre et vide ; dans la mélancolie, c'est le moi lui-même. » Ici, Freud use d'un argument dont il est familier et qui, comme nous l'avons vu, semble épouser la logique du sens commun : « Il serait scientifiquement aussi bien que thérapeutiquement infructueux de contredire le malade qui porte de telles plaintes contre son moi. Il doit bien avoir, en quelque façon, raison de décrire quelque chose qui est tel qu'il lui paraît. »

Mais on se trompe quand on prétend que la psychanalyse nous renseigne sur une intention inconsciente. Ici l'intention est consciente, c'est l'objet qui ne l'est pas. Freud pose alors une seconde hypothèse qui vient compléter la première : ce que le mélancolique attaque en lui de manière si sévère et souvent si ostentatoire, c'est l'image intériorisée d'un objet haï : « Si l'on écoute patiemment les multiples plaintes portées par le mélancolique contre lui-même, on ne peut finalement se défendre de l'impression que les plus sévères d'entre elles s'appliquent souvent très mal à sa propre personne, tandis qu'avec de petites modifications elles peuvent être appliquées à une autre personne que le malade aime, a aimé, ou devait aimer... Ainsi on tient en main la clef du tableau clinique lorsqu'on reconnaît que les auto-reproches sont des reproches contre un objet d'amour, qui sont renversés de celui-ci sur le moi propre. »

Le mélancolique a été ainsi attaché à un objet qui a mobilisé en lui des sentiments opposés. Pour des raisons réelles, tort subi ou déception imaginaire, ou encore dispositions affectives propres qui font que tout être aimé est en même temps envié ou agressivement traité, deux ensembles de souvenirs demeurent attachés à l'objet perdu. Les uns, conscients et parfois sans grande importance, laissent une impression de nostalgie. Les autres, inconscients, alimentés par le ressentiment et la haine, demeurent vivaces. Les scènes qui les constituent se projettent sur l'image de soi. La représentation de soi est alors défigurée pour ressembler à l'image de l'autre, détestée. C'est cette projection sur soi-même qui réalise l'expérience consciente de l'auto-accusation et de la dévalorisation de soi-même. Cette assimilation de la représentation inconsciente de l'objet à une représentation consciente de soi dénote une caractéristique fondamentale du mécanisme mélancolique : la tendance narcissique à assimiler l'image d'autrui. C'est ce qui explique que l'attachement positif à l'objet ne joue qu'un rôle limité : sa perte n'aura pas été douloureusement ressentie. Car ce qui a compté, c'est l'assimilation narcissique. « L'ombre de l'objet tomba ainsi sur le moi qui put alors être jugé par une instance particulière comme un objet, comme l'objet abandonné. »

On ne comprendrait pas l'explication psychanalytique si l'on ne gardait pas présent à l'esprit que les formations mentales inconscientes obéissent à des règles différentes de celles des pensées conscientes. Ces formations mentales ne sont pas en elles-mêmes des abstractions, ce sont des représentations de scènes qui ont été gravées à partir de souvenirs réels ou de fantasmes, de paroles entendues ou d'images vues. Le mélancolique construit sa représentation de soi et du monde à partir de représentations concrètes et particulières. En ce sens, il ne procède pas différemment de tout autre. Mais ce qui lui est plus caractéristique, c'est qu'à côté de la représentation consciente de l'objet, il existe, dans son répertoire de pensées, des représentations de scènes où l'objet joue un rôle hostile et destructif. Nous venons de voir que ces représentations pouvaient être issues de scènes réelles ou dépendre des fantasmes du sujet. Ce sont elles qui échappent à la conscience et qui se projettent sur les représentations conscientes de soi.

Comme nous l'avons déjà souligné, ce n'est pas l'intention seule qui est inconsciente : une intention isolée ne serait qu'une abstraction. Il ne peut exister d'intention sans l'acte qui la réalise. La notion d'intention ne désigne qu'un principe qui règle le fonctionnement de la seule réalité psychique : l'ensemble des actes, et en particulier des pensées, qui se réalisent chez un être humain. Une des particularités des représentations inconscientes est d'exister isolément, sans fusionner dans des systèmes cohérents comme les représentations conscientes. Le sujet en deuil a de l'objet perdu une vue synthétique, comme il en a une de soi-même. Mais les illusions qui demeurent en lui sont des traces indépendantes. Il en est de même pour le mélancolique : « Il est vite dit et il est facile d'écrire que la représentation... inconsciente de l'objet est abandonnée par la libido. »

En réalité, cette représentation figure sous la forme d'innombrables impressions particulières (traces inconscientes) et l'accomplissement de ce retrait de la libido ne peut être un processus instantané. C'est certainement, comme dans le deuil, un processus de longue durée, progressant pas à pas ; ce qui explique la lenteur du travail de deuil ou le figement du mélancolique et explique aussi la lenteur du travail psychothérapique. Ce processus de détachement de l'objet implique en réalité le détachement d'une foule de représentations inconscientes ; « il n'est certainement pas facile de distinguer s'il commence simultanément en plusieurs endroits ou s'il comporte une série qui serait déterminée ; dans les analyses, on peut souvent constater que tantôt tel souvenir, tantôt tel autre est activé, et que ces plaintes qui ont toujours la même teneur et qui sont fatigantes par leur monotonie proviennent cependant chaque fois d'un fondement inconscient différent ».

Une autre particularité fondamentale des représentations inconscientes est leur caractère « hallucinatoire ». Le deuil l'illustre bien en opposant les pensées qui sont du registre de l'illusion et celles qui tiennent compte de l'épreuve de réalité. Croire que l'objet disparu est toujours présent, c'est pour un temps nier la réalité et croire que la pensée est réelle. Dans le deuil, il ne s'agit pas même d'une activité inconsciente, puisqu'à chaque instant le sujet confronte l'illusion à la réalité. Mais Freud postule clairement que ce caractère « hallucinatoire » est essentiel aux pensées inconscientes. Celles-ci se comportent comme les pensées du rêve, elles tirent leur intensité du fait que lorsqu'elles s'actualisent, elles sont isolées de tout contexte et de toute référence au réel. De ce fait, elles revêtent une intensité, une vivacité extrêmes. Il ne s'agit plus à proprement parler d'une représentation, mais d'une reviviscence. Par une analogie que l'on peut discuter, Freud par ici d'une psychose hallucinatoire de désir. Lorsque, dans l'esprit du mélancolique, la pensée hostile envers l'objet s'actualise, elle aurait la puissance du rêve : c'est vraiment une scène où l'objet est détesté qui se joue. Ce trait, fondamental dans la perspective freudienne, permet d'expliquer la force de ces « actes inconscients » (pour reprendre une expression de Freud) sur l'activité mentale.

En effet, l'observation clinique ne porte pas sur ces actes eux-mêmes, mais sur leurs effets dans l'activité mentale consciente. Celle-ci est toujours un compromis entre les deux registres de pensée. Quand le mélancolique s'accuse, il utilise un rapport à soi-même que tout être humain connaît celui de la conscience de soi et du jugement de valeur. Nous avons tous une certaine image de nous-mêmes, ainsi qu'une image de l'être idéal auquel nous voudrions ressembler. Chacun se forge une représentation de soi (qui correspond à toutes les actions du moi), et un idéal du moi. Le jugement critique qui opère sur ces représentations correspond à la notion de sur-moi. Freud montre bien ici que le surmoi du mélancolique est d'une sévérité extrême dans la mesure où il réalise précisément sur lui-même l'action destructrice violente qui hante ses fantasmes inconscients. Le rêveur qui ne serait pas immobilisé dans l'hypotonie du sommeil ne pourrait que jouer la scène terrifiante du rêve. Le mélancolique la joue dans ses auto-reproches. Entre le cauchemar et le passage à l'acte du mélancolique, il y a plus qu'une analogie.

Nous avons vu qu'en parlant d'objet, nous ne

devions pas seulement penser à l'exemple de la personne aimée qui disparaît, mais qu'il pouvait s'agir d'une situation, d'une valeur sociale, d'un symbole. Nous voyons maintenant que lorsque nous parlons d'un objet de pensée, il est indissociable de la scène dans laquelle il figure et de l'intention de cette scène. L'objet inconscient du mélancolique figure ainsi dans les fantasmes inconscients que nourrit son agressivité avant d'être projeté sur la représentation de soi ; dès lors, on comprend mieux la formule utilisée par Freud, que nous évoquions plus haut : « *L'ombre de l'objet tomba ainsi sur le moi qui put alors être jugé par une instance particulière comme un objet, comme l'objet abandonné.* »

L'expérience du deuil

On trouvera dans *A la recherche du temps perdu*, au tome intitulé *La fugitive*, une description du travail de deuil qui, à bien des égards, est proche de celle de Freud. Sans s'aventurer dans une étude sur sa place dans l'œuvre d'art, on remarquera que son insertion dans la fiction romanesque confère à cette description une valeur d'illustration concrète. Illustration d'autant plus intéressante que le narrateur va décrire deux deuils successifs du même objet : quand Françoise lui apprend que Mademoiselle Albertine est partie et, quelques semaines plus tard, quand un télégramme lui annonce sa mort accidentelle. Le plus saisissant est sans doute la manière dont Proust décrit la prise de conscience progressive et douloureuse de la perte de l'objet. Après le choc initial qui marque les premières minutes au cours desquelles il se protège par la négation (« En me promettant à moi-même qu'Albertine serait ici ce soir, j'avais couru au plus pressé et pansé d'une croyance nouvelle l'arrachement de celle avec laquelle j'avais vécu jusqu'ici »), les pensées du narrateur vont se fixer douloureusement sur cette réalité nouvelle qu'il s'agit d'intégrer dans de multiples habitudes de l'esprit : « ... et ainsi, à chaque instant, il y avait quelqu'un des innombrables et humbles "moi" qui nous composent qui était ignorant encore du départ d'Albertine et à qui il fallait le notifier ; il fallait (...) annoncer le malheur qui venait d'arriver à tous ces êtres, à tous ces "moi" qui ne le savaient pas encore ; il fallait que chacun d'eux à son tour entendît pour la première fois ces mots : "Albertine a demandé ses malles" (...), "Albertine est partie". » Proust nous donne de ce travail un exemple dont la trivialité ne fait que rehausser le tragique : « Il y avait quelques uns de ces "moi" que je n'avais pas revus depuis assez longtemps. Par exemple (je n'avais pas songé que c'était le jour du coiffeur), le "moi" que j'étais quand je me faisais couper les cheveux. J'avais oublié ce moi-là, son arrivée fit éclater mes sanglots, comme à un enterrement celle d'un vieux serviteur retraité qui a connu celle qui vient de mourir. » Il est vrai qu'ici, ce travail va se faire assez rapidement, remplacé sans doute par l'effort mis à rechercher et à tenter de faire revenir la fugitive. Et puis il y a l'usure du temps dont Proust parle en termes admirables : « Comme il y a une géométrie dans l'espace, il y a une psychologie dans le temps, où les calculs d'une psychologie plane ne seraient plus exacts parce qu'on n'y tiendrait pas compte du Temps et d'une des formes qu'il revêt, l'oubli... » – usure qui ne peut s'exercer que grâce à ce travail répété de destruction des illusions.

Et puis survient la nouvelle de la mort. A nouveau, après le premier choc, le même travail doit être repris, mais Proust se sert ici d'une autre métaphore ; ce ne sont plus les « moi » qu'il s'agit d'informer, mais les images d'Albertine. Les scènes que l'illusion entretient ne sont plus définies par leur sujet, mais par leur objet. En réalité, ce sont elles tout entières qu'il s'agit de réduire : « Pour que la mort d'Albertine eût pu supprimer mes souffrances, il eût fallu que le choc l'eût tuée non seulement en Touraine, mais en moi. Jamais elle n'y avait été plus vivante. » Le travail de deuil ne porte pas en effet sur un objet, mais sur les multiples images de cet objet : « Pour entrer en nous, un être a été obligé de prendre la forme, de se plier au cadre du temps ; ne nous apparaissant que par minutes successives, il n'a jamais pu nous livrer de lui qu'un seul aspect à la fois, nous débiter de lui qu'une seule photographie. Grande faiblesse sans doute pour un être de consister en une simple collection de moments ; grande force aussi, il relève de la mémoire et la mémoire d'un moment n'est pas instruite de tout ce qui s'est passé depuis... » Ce sont toutes ces images, tous ces moments qu'il faut détruire :

« Pour me consoler, ce n'est pas une, mais d'innombrables Albertine que j'aurais dû oublier. Quand j'étais arrivé à supporter le chagrin d'avoir perdu celle-ci, c'était à recommencer avec une autre, avec cent autres. » Ce sont donc les innombrables scènes où une image d'Albertine figure qui sont successivement évoquées et ponctuées du rappel répété de la réalité de sa mort.

A cette lente destruction de l'objet mort s'associent de nouvelles formes d'intériorisation. La plus simple est l'imitation du mort. Le narrateur l'avait bien observé jadis lorsque, après la mort de sa grand-mère, il avait vu sa mère emprunter les goûts et les manières de la défunte. Il observe maintenant qu'il se découvre des goûts communs avec Albertine, goûts qu'il ne partageait pas du tout quand elle était présente. On voit même s'esquisser les éléments d'un deuil mélancolique lorsqu'il se reproche cette mort et étend ses accusations contre lui-même à la mort de sa grand-mère : « Il me semblait que ma vie était souillée d'un double assassinat que seule la lâcheté du monde pouvait me pardonner. » Les morts intériorisés veillent alors sur nous : « Mais comme on voudrait s'abstenir d'infidélités, si secrètes fussent-elles, tant on craint que celle qu'on aime ne s'en abstienne pas, j'étais effrayé de penser que si les morts vivent quelque part, ma grand-mère connaissait aussi bien mon oubli qu'Albertine mon souvenir. Et tout compte fait, même pour une morte, est-ce sûr que la joie qu'on aurait d'apprendre qu'elle sait certaines choses balancerait l'effroi qu'elle les sait *toutes*, et si sanglant que soit le sacrifice, ne renoncerions-nous pas quelquefois à garder après la mort ceux que nous avons aimés comme amis, de peur de les avoir aussi pour juges ? »

Enfin, on trouvera chez Proust, amplement traité, le thème de l'ambivalence qui marque en effet les rapports du narrateur et d'Albertine, le désintérêt pour tout ce qui n'est pas l'objet du travail de deuil, le temps nécessaire à la guérison, etc. Toutes ces ressemblances avec la description de Freud ne sont pas sans logique : la psychologie de ce début de siècle s'écarte de la notion d'un moi sujet au profit du moi qui résulte d'un ensemble d'actions séparées ; l'idée d'activités mentales inconscientes n'est pas propre à Freud. Mais il y a plus : pourquoi Proust s'intéresse-t-il tant à la psychologie du deuil ? Il nous répond clairement : c'est parce qu'aucune expérience humaine ne démontre aussi bien le travail du temps. Mais le temps n'est pas seulement la dimension qui assure le changement des sentiments. Cette expérience même du changement nous fait connaître des dispositions psychologiques dont nous n'aurions pas eu, sans elle, connaissance. C'est précisément au moment même où le narrateur pensait ne plus aimer Albertine que sa fuite lui fait découvrir l'attachement qu'il lui portait. C'est au moment où il pense que sa mort mettrait au fond un terme à sa jalousie que l'accident lui révèle qu'on n'en finit pas de faire le deuil d'un objet si chargé de sentiments ambivalents. Proust ne croit pas à l'évidence introspective, à la vérité de l'expérience vécue. Les changements intrapsychiques nous montrent que nous ne nous connaissons jamais. Le narrateur croyait ne plus aimer Albertine, il croyait savoir ce qu'il ressentait et connaître le fond de son cœur. « Mais notre intelligence, si lucide soit-elle, ne peut apercevoir les éléments qui le composent et qui restent insoupçonnés tant que, de l'état volatile où ils subsistent la plupart du temps, un phénomène capable de les isoler ne leur a pas fait subir un commencement de solidification. » L'évidence du sens ne suffit pas, il faut observer ce que révèlent les changements qui se succèdent pour connaître cette partie de soi qui se refusait à l'évidence.

La méthode psychanalytique

La psychanalyse non plus n'est pas une entreprise d'introspection. Ou, plus exactement, elle invite le sujet non à exprimer son expérience vécue, mais à observer et décrire la succession des pensées, en quête de ces éléments qui nous échappent et qui ne se révèlent qu'après coup. Si les changements spontanés observables au cours de la vie constituent le révélateur de Proust, la psychanalyse s'intéresse à l'enchaînement des pensées et aux éléments lacunaires qui l'émaillent. L'activité mentale qu'observe le psychanalyste est très limitée, et tout contribue à la réduire à un simple jeu intérieur de pensées. Tout comportement moteur est suspendu, la communication est réduite à la description de cet enchaînement des pensées, aucune tâche précise ne confère à celui-ci une direction définie. L'effet recherché par l'aménagement de cette situation est donc de laisser cette pensée libre « dériver » au maximum, car cette dérive ne va pas se faire au hasard. Le poids des souvenirs traumatiques, et surtout le transfert, vont diriger les enchaînements vers des lacunes du discours, révélatrices des actes inconscients actualisés par l'association libre et le transfert, et des défenses qui empêchent la prise de conscience de ces actes.

Le patient déprimé peut décrire les sentiments positifs qu'il éprouvait vis-à-vis de l'objet perdu et les reproches qu'il se fait à soi-même. Ce qu'il ne peut pas dire, c'est qu'il a de vifs reproches à faire à l'objet perdu et qu'il les adresse à lui-même en imaginant que l'objet est maintenant à *l'intérieur de lui*, personnifié par certains traits contre lesquels il dirige ses critiques. Ces fantasmes inconscients seront reconstruits à partir des pensées conscientes, des défenses et des rêves. Ces hypothèses sont progressivement vérifiées quand, après avoir été interprétées au patient, elles s'intègrent dans l'ensemble des pensées à la manière dont une pièce de puzzle vient remplir sa place dans l'image d'ensemble.

C'est dire que la seule vérification réside dans la cure psychanalytique elle-même. Or, précisément, dans le domaine des dépressions, les indications d'une cure psychanalytique demeurent limitées. Elle ne peut se poursuivre lors d'un accès mélancolique et les seules observations dont nous disposons sont celles de personnes qui développent un tel accès en cours d'analyse. Il est évident que les données recueillies alors concernent surtout la personnalité pré-mélancolique et les circonstances qui accompagnent le déclenchement de l'accès. Parfois, cependant, l'analyse fait suite à un accès et peut alors renseigner sur les changements psychiques qui provoquent la dépression.

La psychanalyse s'applique plus aisément à des formes discrètes de dépression et ce sont surtout les dépressions « névrotiques » qui ont été étudiées. Enfin, l'expérience psychanalytique s'est surtout appuyée sur des tendances dépressives observables dans l'évolution de presque toutes les cures, dans la mesure où elles s'associent à la plupart des formes de souffrance mentale.

On distinguera toutefois, avec A. Haynal[1], l'affect dépressif qui peut accompagner n'importe quelle crise, du caractère dépressif, ou dépression névrotique chronique, qui définit une forme de personnalité. L'un et l'autre peuvent s'observer en psychanalyse. Mais cette diversité des circonstances d'examen explique en partie le foisonnement d'une littérature psychanalytique sur la dépression dans laquelle il est souvent difficile de préciser l'originalité réelle des contributions[2]. Dans chacune, les observations cliniques sont interprétées selon un système théorique qui tient compte de données psychanalytiques dont on ne

1. A. Haynal, « Le sens du désespoir », in *Rev. Fr. de Psychanalyse.*

2. Pour une étude d'ensemble de la littérature psychanalytique sur la dépression, cf. A. Haynal, *op. cit.*, et M. Mendelson *op. cit.*, et J. Bergeret « Dépressivité et dépression dans le cadre de l'économie défensive » PUF, Paris.

sait pas toujours si elles sont dégagées d'une cure ou d'une simple application des concepts à des cas étudiés en dehors d'une cure. On peut comprendre le sévère jugement de Mendelson qui écrivait : « Celui qui est familier des aveux d'ignorance dont on fait état dans d'autres disciplines scientifiques est quelque peu déconcerté à la lecture de conclusions générales affirmées avec tant de confiance dans la littérature sur la dépression. »

Dans de telles conditions, l'administration de la preuve par l'effet de l'interprétation est rarement retrouvée. Très souvent, le succès d'un point de vue tient au fait qu'il apparaît à de nombreux cliniciens comme un modèle fécond, une grille d'analyse commode pour décrire l'activité mentale du patient. En fait, la littérature psychanalytique n'a rien retranché aux mécanismes fondamentaux décrits dans « Deuil et mélancolie » : l'ambivalence des sentiments, le rôle de la perte de l'objet, l'intériorisation de celui-ci. Et nombreux sont ceux qui, à quelques nuances près, conservent ce modèle et le tiennent pour applicable à toutes les formes de dépression.

Ce qui peut être complété dans le schéma freudien initial tient à la diversité des mécanismes d'intériorisation. Freud n'envisageait que la situation dans laquelle l'objet est identifié à une partie de nous-mêmes contre laquelle nous dirigeons notre agressivité. Or ce mécanisme n'est pas le seul. Le déprimé peut, à l'inverse, mettre l'objet dans la position d'un juge agressif et se constituer comme victime de cette agression méritée. Proust a décrit. nous l'avons vu, un tel mécanisme. Nacht et Racamier parlent d'une crise aiguë de masochisme moral. Que le sujet s'identifie à l'instance qui le juge ou à celle qui est jugée, qu'il attaque l'objet ou s'offre à ses services, c'est toujours une scène de violence et de haine qui constitue le scénario inconscient venant alimenter les reproches. En se parlant à lui-même, le déprimé parle à autrui. L'intériorisation réalise une introjection dans la mesure où l'objet est devenu une partie de soi qui dialogue avec une autre partie de soi. Et le sado-masochisme caractérise ce dialogue sans qu'il soit toujours facile de situer le sujet comme persécuté ou comme persécuteur.

Une autre forme d'intériorisation consiste à s'identifier à l'objet vis-à-vis des autres. Il ne s'agit plus là d'une introjection, mais d'une identification. Proust nous donne des exemples de ce type d'identification dans le deuil quand nous voyons le vivant adopter certains traits du défunt. Dans les états dépressifs, en s'identifiant à l'objet perdu, le patient garde en somme le souvenir de l'objet, il le conserve comme un fantôme caché, il s'érige en mémorial. Bien entendu, cette forme d'imitation est tout à fait compatible avec les autres, et il convient de voir ici des mécanismes élémentaires, que l'on retrouve peu ou prou chez chacun, plutôt qu'un type clinique.

Une autre nuance à apporter au schéma initial concerne la notion d'ambivalence. On peut en effet la comprendre dans un sens purement conjonctural comme l'expression d'un conflit particulier qui s'est développé vis-à-vis de l'objet. La jalousie envers Albertine ne vient-elle pas ainsi gâter l'amour que lui porte le narrateur ? Mais on peut également la considérer comme un trait plus fondamental de la vie pulsionnelle. C'est un des grands apports de la psychanalyse que d'avoir montré cette force et cette constance de l'ambivalence. Il est difficile d'aimer sans haïr. Pour beaucoup, ce conflit ne trouve pas d'expression consciente et les sentiments agressifs sont assez bien dominés. Mais, chez certains, la force de ces derniers est telle qu'ils ne peuvent les contenir de manière efficace. Ils sont obligés de les refouler à tout prix, c'est à dire à l'aide de mécanismes qui sont à l'origine de symptômes. La jalousie, chez le narrateur de *La Recherche*, n'est-elle pas beaucoup plus qu'un accident de sa relation avec Albertine ?

Le poids de l'ambivalence semble donc constituer une prédisposition à la dépression. Mais les formes qu'elle revêt sont diverses. Chez l'un, c'est l'impossibilité d'aimer sans envier ; chez l'autre, il s'agit d'aimer et de dominer. Que recherche le jaloux dans cette quête continue d'une vérité qu'il s'arrange d'ailleurs pour ne jamais saisir ? Ce sont des images qui torturent le narrateur, scènes qu'il construit à partir de ce qu'il entend et dont il ne peut se détacher. Il est assiégé par des fantasmes et par son angoisse devant une réalité qu'il ne peut atteindre.

Il serait trop simple de n'envisager ici que l'éventuelle fascination exercée par les fantasmes homosexuels. Albertine la fugitive a dû quitter une prison d'un genre bien particulier. Le narrateur l'a tenue comme un objet. Cette fois, il faut entendre ce terme non comme l'un des rôles dans le scénario du fantasme inconscient, mais comme une chose bien réelle que l'on veut tenir et même retenir. Mais que devient le désir si la chose est là, trop proche ?

La psychanalyse a donné de cette ambivalence des descriptions en rapport avec les stades du développement des pulsions libidinales. Ambivalence orale, quand il s'agit d'incorporer l'autre, anale quand il s'agit de le contenir ou de l'expulser, ambivalence phallique dominée par l'envie et la rivalité avec autrui. Ces dispositions ont été rattachées à des phases précoces du développement de l'enfant. Les observations sur la dépression ont su les mettre en évidence. Ici encore ce sont des traits dont la combinatoire est multiple, plus que des types caractérologiques.

Les développements psychanalytiques

Rien d'étonnant à ce que Freud, et beaucoup de psychanalystes après lui, aient vu dans la force de l'ambivalence non seulement un facteur prédisposant de la dépression, mais peut-être un facteur d'endogénéité dans la mesure où l'ambivalence tiendrait à des causes biologiques, plus qu'au rôle de l'entourage et à celui des événements. Impossible de répondre : en tout cas, la psychanalyse, mieux faite pour décrire que pour expliquer ou prouver une relation de causalité, est mal préparée à cette tâche. Quoi qu'il en soit, la place de l'ambivalence dans la dépression a joué un grand rôle dans les clivages d'opinion.

Tout un courant psychanalytique, à la suite de Melanie Klein, lui accorde une place encore plus importante. Dans les vues freudiennes, il existe non seulement une relation de causalité entre l'intensité de l'ambivalence et le risque de dépression, mais cette dernière apparaît comme une tentative de maîtrise de l'ambivalence. On peut considérer tout au contraire la dépression comme une conséquence directe de l'ambivalence. Une autre manière d'exprimer cette vue paradoxale consiste à considérer le deuil normal comme une dépression bien compensée. Le deuil serait bien une maladie, mais sous sa forme bénigne. On saisira mieux ces paradoxes si l'on veut bien réfléchir au fait que le risque de dépression s'étend à tous et que nous sommes tous tentés, à un moment ou à un autre, de nous enfoncer dans l'autodestruction dépressive. Cette tentation serait la preuve que l'ambivalence est présente chez tous et que nous avons beaucoup à faire pour maîtriser les forces destructrices qui sont en nous. La question ne serait plus « pourquoi devient-on déprimé ? », mais « comment ne le devient-on pas ? »

Le deuil normal nous expose à ce risque. Les forces destructrices peuvent entraîner en nous deux types d'effets. Elles sont perçues ou bien comme extérieures et persécutrices, ou bien comme intérieures et dépressives. Pour bien comprendre le point de vue kleinien, il faut garder présente à l'esprit la thèse de Freud selon laquelle les pensées inconscientes, comme celles du rêve, ne sont pas de simples représentations de scènes, mais réalisent une véritable « hallucination ». Le déprimé chez qui s'actualise une scène de violence vit en lui-même cette scène et la transcrit dans sa conscience comme une attaque qu'il dirige contre lui. Or, nous avons vu qu'il peut exister un véritable délire de persécution chez les mélancoliques. Dans ce cas, la scène est projetée autrement et l'agent de la violence, l'objet agresseur est plaqué sur un objet extérieur. Les deux positions, persécutive et dépressive, constituent donc deux manières de représenter la scène de destruction. Elles caractérisent la vie psychique du jeune enfant. Mais l'ambivalence ne se résume pas au pôle agressif : les scènes de fusion avec un bon objet ont le même pouvoir de s'actualiser.

L'ambivalence serait donc caractérisée par la coexistence de scénarios fantasmatiques inconscients, soit destructeurs, soit réparateurs. On comprend que le poids de ces deux types d'activité mentale, quel que soit leur fondement biologique, dépende aussi des expériences du nourrisson. Le nourrisson heureux renforce en lui les fantasmes inconscients de plaisir fusionnel. Le nourrisson qui souffre renforce au contraire les fantasmes d'agression. A un stade précoce du développement, les fantasmes de plaisir seraient éprouvés comme une expérience où de bons objets maintiennent le bien-être intérieur, tandis que les fantasmes d'agression donneraient lieu à un type d'expérience où l'on se sent menacé ou détruit par des objets externes. Chez le mélancolique délirant, on retrouve, au plan conscient, cette expérience vécue où le sujet se sent attaqué soit par des objets internes (la destruction du corps, la maladie, la souillure), soit par des objets externes (le délire de persécution).

Plus tard, le jeune enfant maîtriserait mieux cette ambivalence fondamentale, surtout quand l'environnement lui prodigue plus d'expériences heureuses que de malheureuses. Il accepterait que des scènes de destruction, donc des objets agressifs, demeurent en lui et entrent dans la représentation qu'il se fait de lui-même. Telle serait la position dépressive dans laquelle le sujet se reconnaît comme source de pensées agressives et composé d'objets mauvais et bons. En fait, par un paradoxe dû à une confusion de vocabulaire, la position dépressive apparaît comme un moment maturatif décisif dans le développement de la personnalité. Le malade déprimé, au contraire, est vraiment torturé par des objets persécuteurs, en général internes, mais parfois aussi externes, par le biais d'un mécanisme de projection. Dans le deuil normal, le sujet est exposé à une réactivation de ces fantasmes destructeurs. Il arrive à les maîtriser en réparant le bon objet perdu et en renforçant ainsi sa représentation de soi, ce qui lui permet d'éviter la dépression.

Ainsi trop schématiquement résumée, la théorie kleinienne apparaît comme une conception qui nous aide à mieux comprendre le rôle des introjections et des projections de mauvais objets ; elle accorde une place importante à l'endogénéité et fait des mécanismes dépressifs des processus universels, dans la mesure où la dépression-maladie constituerait une régression vers des formes d'activité mentale existant chez tous les jeunes enfants.

D'autres courants de pensée vont au contraire limiter le rôle des forces destructrices internes et celui de l'endogénéité. Est-on certain que le rôle de l'auto-agression soit si important dans toutes les formes de dépression ? De nombreux auteurs, tels que E. Jacobson [1] aux États-Unis et F. Pasche [2] en France, ont rappelé que dans de nombreux états dépressifs, l'agressivité compte moins que le sentiment de vide et d'infériorité. Peut-être serait-il bon d'en revenir à la distinction classique entre la dépression mélancolique, où l'agression jouerait un rôle majeur, et les formes névrotiques où la blessure narcissique serait au premier plan. Dans ces dernières formes, la perte de l'estime de soi serait le problème psychologique central de la dépression, sans qu'elle entraîne la régression sado-masochique propre à la mélancolie. La fragilité du sentiment normal d'estime de soi pourrait être dû à des causes récentes, mais touchant des personnalités fragiles. Des déceptions infantiles pourraient prédisposer certaines à de brusques crises. Il s'agirait là d'individus qui attendent de l'affection d'autrui ou de leur propre réussite une satisfaction narcissique, davantage qu'un plaisir directement lié à la personne ou au but recherchés. Le déprimé, écrit Pasche, « ne reproche pas

1. E. Jacobson, *Depression, Comparative Studies of Normal, Neurotic and psychotics conditions*, Int. Univ. Press, New York, 1971.
2. F. Pasche, « De la dépression » in *A partir de Freud*, Payot, Paris, 1969.

à ses parents de ne pas l'avoir assez nourri, caressé, gâté... mais de ne pas l'avoir *fait* assez beau, assez fort, assez intelligent ! » Ce sentiment d'infériorité, terrain fertile pour l'accès dépressif, cache au fond une certaine mégalomanie. Le narcissique, concentré sur l'image de soi, rêve d'un destin unique, d'une force de séduction, d'une capacité d'être aimé ou admiré qui en ferait un être d'exception.

Un autre reproche vise le rôle excessif accordé à l'endogénéité. L'expérience de perte ne serait-elle qu'un prétexte au déchaînement des pulsions destructrices ? Est-on sûr que la perte de l'objet ne joue pas un rôle plus important ? Haynal[1] a souligné que la perte et le sentiment d'être sans espoir qu'elle provoque *(helplessness)* étaient à la fois des constituants universels de l'expérience humaine et que leur répétition ou leur intensité expliquaient une grande part de la psychologie dépressive. Tout un courant s'est développé au cours des quarante dernières années, qui voit dans la dépression une réponse émotionnelle de base déclenchée par des expériences de perte. Ce point de vue trouve son origine dans des travaux psychanalytiques, mais il s'appuie aussi sur des observations directes, chez l'enfant et chez l'adulte, et sur des données interdisciplinaires dépassant la seule clinique psychanalytique. C'est pourquoi il sera discuté dans un chapitre ultérieur, après que l'on aura évoqué le rôle des interactions sociales.

En définitive, la diversité des opinions n'est pas

1. *Op. cit.*

si grande que le laisserait croire l'abondance des publications. Ce sont toujours les mêmes mécanismes de base qui sont pris en considération. Les divergences tiennent surtout à la manière dont est envisagée leur articulation et au poids accordé à chacun. Il en est résulté un indiscutable approfondissement de nos connaissances. Mais aucun psychanalyste ne saurait avancer que ces connaissances nous offrent une explication exhaustive du phénomène dépressif. S'agit-il d'ailleurs toujours du phénomène dépressif à proprement parler ? Dans leurs études princeps, Abraham et Freud ont explicitement fait référence à des états mélancoliques francs. Par la suite, les repères cliniques sont devenus moins nets. Les auteurs se sont intéressés à une large gamme de souffrances psychiques, marquées certes par un état de pessimisme ou de désespoir, mais dont l'absence de description clinique précise ne permet pas d'affirmer qu'il s'agisse encore véritablement de dépression. On peut certes élargir le cadre nosologique et y inclure des difficultés à vivre, des sentiments d'impuissance ou d'infériorité, des renoncements douloureux. Mais le risque est grand, en confondant ces multiples formes de douleur morale, de perdre de vue ce qui fait la spécificité de la dépression. Plus on élargit le cadre clinique, plus grandes sont les chances de trouver des mécanismes explicatifs simples dont la généralité diminue la valeur informative et explicative. La notion de perte de l'estime de soi, par exemple, est séduisante, car chacun peut s'y retrouver ou l'appliquer sans grand risque à de très nombreux patients. Mais il s'agit de préciser le rôle qu'elle joue dans la dépression, et non d'assimiler à cette dernière toutes les expériences subjectives qui reflètent l'existence d'une telle perte.

On a également reproché aux travaux psychanalytiques de procéder à des généralisations à partir d'un petit nombre d'observations. Freud avait prévu cette objection et s'était avancé avec beaucoup de prudence en proposant le modèle de « Deuil et mélancolie ». Il faut reconnaître que l'ensemble des travaux ultérieurs a, en fin de compte, plutôt confirmé la validité de ce modèle. On ne peut pas reprocher aux psychanalystes d'étudier intensivement un petit nombre de cas. C'est là une des conséquences inévitables de leur pratique. On peut certes regretter qu'ils n'aient pas recouru aux moyens nécessaires pour confronter leurs données, au lieu de procéder à des généralisations parfois hâtives. Mais ils rencontrent là une contradiction difficilement contournable entre une pratique qui les conduit à privilégier l'individuel et l'exigence scientifique qui oblige à la réduction des variations individuelles au profit d'une recherche du général.

Pour surmonter cette contradiction, les psychanalystes ont en fait tenu compte des données cliniques traditionnelles et de l'analyse phénoménologique du trouble, en utilisant les données psychanalytiques et en se servant des références à leur modèle théorique de la personnalité pour les compléter et construire un schéma explicatif plus général. On en trouverait la preuve dans le fait que bon nombre de travaux psychanalytiques débattent de problèmes très généraux, des rapports entre facteurs psychologiques et facteurs organiques, entre unicité ou dualité de la dépression, entre la conception de maladies d'étiologie diverse et celle d'une réponse unitaire.

Les explications psychanalytiques ne concernent d'ailleurs qu'un aspect de la pathologie dépressive. Toutes se réfèrent à l'idée d'un affect dépressif de base, mais peu sont allées plus avant pour tenter de mieux préciser la nature de cet affect. De même – et nous verrons que les deux questions sont liées –, le syndrome d'inhibition ou de ralentissement dépressif n'a guère été examiné, sinon pour être simplement considéré comme une expression logique de la tristesse ou comme un effet immédiat du désintérêt pour les activités habituelles. Les symptômes dits physiques ne sont guère envisagés, sauf pour retenir l'hypothèse d'un facteur organique dont l'articulation avec la dynamique psychologique n'est pas discutée. Quant au problème posé par l'inversion de l'humeur, le passage de l'état dépressif à l'état maniaque, il a été envisagé dès « Deuil et mélancolie. » et repris récemment par Jeanneau[1]. L'accent est mis sur la fonction défensive des attitudes maniaques vis-à-vis de la dépression. La mégalomanie, la fusion euphorique avec le monde extérieur, le déni de la perte et le refus d'un temps figé sont autant de mesures de fuite. Cependant, l'explication est incomplète quand il s'agit de rendre compte de l'accélération et de la mobilité

1. A. Jeanneau, *La Cyclothymie*, Payot, Paris, 1980.

extrême de la pensée, sauf, à l'inverse du ralentissement dépressif, à les tenir pour de simples expressions de l'euphorie mégalomaniaque. Mais force est de constater que de nombreuses réactions de déni du malheur et d'affirmation de soi mégalomaniaque ne s'accompagnent pas de cette réponse psychomotrice. Ici encore, l'explication psychodynamique ne suffit pas.

Ceci n'est pas pour nous étonner, tant il apparaît qu'aucune explication de la dépression ne saurait suffire. Ce n'est d'ailleurs pas propre à la dépression, mais à la nature même de l'action. La dépression, à cet égard, nous sert d'exemple. Dire d'un patient qu'il est déprimé parce qu'il intériorise l'idéal politique ou l'objet d'amour qu'il a perdu et que cet objet, adoré et rejeté, le persécute, n'explique pas tout. Cela décrit l'état dépressif dans un système d'analyse parmi d'autres. Du moins convient-il de lui reconnaître ses mérites propres.

Les mécanismes décrits en psychanalyse ne sont ni des êtres fictifs et abstraits, comme l'attention ou la volonté, ni des lois générales. Ce sont des modalités de l'action humaine. L'ambivalence ou l'introjection n'existent pas dans la réalité. Ce que le psychanalyste peut observer, c'est une certaine manière de penser à un objet, de haïr et aimer à la fois, de s'adresser à une partie de soi-même comme à un autre... L'investigation psychanalytique permet d'observer l'activité de pensée autrement que toute autre méthode. Comme le champ opératoire chirurgical isole une partie du corps mais l'offre à un point de vue nouveau, la cure psychanalytique isole un type d'activité, pensée détachée de ses repères habituels, faite de souvenirs et de fantasmes. Mais le but de la psychanalyse est tout à fait individuel. Les mécanismes qui expliquent l'organisation des pensées dépressives ne seront pris en compte que dans la forme concrète et personnelle qu'ils revêtent chez un patient particulier, en fonction de son histoire et de son univers. Outil psychothérapique précieux pour certains déprimés, elle réduit le général au particulier et tire son intérêt thérapeutique de cette réduction.

Il serait toutefois abusif de dénier à la méthode psychanalytique tout droit à la généralisation. Le joueur d'échecs connaît les mouvements des pièces, mais sait qu'aucune partie ne ressemble à une autre ; on décrit toutefois des types d'ouverture ou des fins de partie, des mouvements stratégiques d'ensemble. De même, la psychopathologie psychanalytique peut, à partir de certains mouvements élémentaires et universels, décrire des types. Mais ces types n'expliquent pas la maladie dans son ensemble ; ils décrivent comment la dépression réalise une manière de vivre qui a un sens dans le monde des souvenirs et des fantasmes inconscients, monde gouverné par la dualité du plaisir et du déplaisir, de la fusion pacifique et de la violence destructrice. La psychanalyse a sans doute encore à nous apprendre sur la dépression, mais dans ses limites : sa méthode – l'observation individuelle – et son objet – la vie fantasmatique inconsciente.

IV

Le milieu

Parmi les facteurs exogènes, les causes morales et physiques se distinguent nettement. On ne confondra pas la perte d'un emploi et le rôle d'un médicament destiné à corriger une hypertension artérielle permanente. Les deux ont pourtant, du point de vue de la méthode d'étude, des propriétés communes. Ils donnent matière à une vérification objective. La causalité est simple : un événement de nature sociale ou physique entraîne un état dépressif. Mais démontrer cette relation de causalité n'est pas si facile. Elle n'est pas assez constante pour avoir valeur expérimentale. Il s'agit d'un risque, d'un principe de vulnérabilité, plus que d'une cause suffisante. Ce risque ne pourra être évalué qu'en termes de probabilité et la preuve repose sur la comparaison avec une évaluation du risque pour une population qui ne serait pas exposée à la même cause. Il faut donc étudier la maladie comme un phénomène de masse et user d'une approche épidémiologique.

Une approche

L'épidémiologie définit l'étude de la répartition d'une maladie dans une population, ainsi que celle des facteurs qui influencent cette distribution. Le terme fait inévitablement penser aux épidémies, et celles-ci à la diffusion massive de certaines maladies infectieuses. En réalité, c'est là un abus de langage. Il est parfaitement légitime de parler d'une épidémie de goitres ou de troubles toxiques. Lorsque la maladie affecte principalement le comportement, l'épidémiologie se rapproche certes de la sociologie : une « épidémie » de suicides ou de crises hystériques entre dans le cadre des actions collectives que le sociologue étudie. On verra d'ailleurs que, dans le domaine de la dépression, certaines études parmi les plus connues ont été menées par des sociologues.

Mais si l'épidémiologie médicale proprement dite et la sociologie sont des disciplines respectées, l'épidémiologie psychiatrique est souvent tenue en suspicion. Traiter la maladie comme un phénomène de groupe, c'est ignorer les particularités individuelles. Étudier les facteurs de risques en termes de causes externes et de probabilité, c'est oublier le mécanisme interne qui explique le déterminisme réel du trouble. L'épidémiologie donne parfois l'impression d'une recherche superficielle qui tente de compenser par le prestige des chiffres et la référence au grand nombre la pauvreté des observations individuelles. Cette critique mérite deux réponses. La première est que c'est parfois à un regard distancié et étendu que se révèlent des phénomènes que l'observation rapprochée et limitée ne permet pas de voir. La seconde est que, de toute façon, chacun bâtit sans le savoir ses propres théories épidémiologiques. Est-il vrai que les femmes sont plus souvent déprimées que les hommes ? Que ce sont celles des classes aisées qui se dépriment plus volontiers ? Qu'on se déprime plus à la ville qu'à la campagne ? A ces questions, chacun apporte une réponse, fondée sur des idées a priori ou sur quelques cas. De ce point de vue, l'épidémiologie a pour tâche de vérifier le bien-fondé d'un certain nombre d'idées reçues. Mais elle permet aussi de répondre à des questions essentielles en matière de politique de soins, de prévention, d'équipements sanitaires, etc.

L'épidémiologie de la dépression est une discipline jeune. Elle est née après la dernière guerre mondiale. Ses progrès récents sont à attribuer à un certain nombre de facteurs : l'importance du phénomène morbide[1], la mise en place d'orga-

1. Une estimation de 1970 indiquait qu'aux U.S.A. le coût des soins et la perte de productivité pour tous les adultes déprimés pouvaient être évalués à 1,4 à 4 milliards de dollars par an... (William T. A., Friedman R. J. and Secunda S. K., *The depressive illness*, Spécial Report, Washington, D. C., National Institute of Mental Health, 1970.)

Une étude récente de G. Simon & coll. (*Am. J. Psychiatry*, mars 1985) montre que le coût des soins pour les déprimés et les anxieux venus consulter récemment et évalués sur une période de six mois est double de celui de toute autre pathologie. Il est impossible de ne pas prendre en compte le surcoût de cette pathologie dans le cadre d'une réflexion générale sur l'économie de la santé.

nismes nationaux et internationaux spécialisés dans le domaine de la santé publique, les moyens informatiques de stockage de l'information et de traitement mathématique des données. Mais ces progrès se trouvent limités par des obstacles méthodologiques et pratiques. Lorsqu'il s'agit d'étudier la dépression au sein d'une population donnée, il faut déjà définir les critères d'inclusion. On se sert de critères qualitatifs, c'est-à-dire d'une liste de symptômes, mais de telles listes peuvent être trop restrictives ou, au contraire, trop larges. Le choix dépend des questions que l'on pose. Si l'on veut démontrer qu'un médicament a une action dépressiogène, il convient d'exiger des critères très précis. L'administration de la preuve n'en sera que plus convaincante. Si l'on veut, en revanche, montrer qu'il n'y a pas de relation entre la dépression et un certain mode de vie, il vaut mieux élargir le cadre au maximum. Une bonne grille sera donc ni trop restrictive, ni trop ouverte. Elle ne laissera pas d'ambiguïté, afin que l'on soit aussi sûr que possible que des observateurs différents classent de la même manière.

La deuxième tâche consiste à définir la population que l'on va étudier. L'idéal est évidemment d'étudier un ensemble aussi large que possible. L'exemple en est l'enquête de l'Institut de Démographie psychiatrique de Risskov, qui a été appliquée à tous les habitants du comté d'Aarhus, au Danemark, afin d'étudier tous les sujets qui, sur une période de cinq ans, avaient consulté pour dépression. Mais, en général, on choisit un échantillon qui, grâce à des précautions assez simples, sera considéré comme représentatif d'une plus large population. Il y a toutefois de nombreux biais qu'il faut savoir déjouer. Par exemple, si l'on veut juger du nombre de déprimés dans une population donnée, doit-on se fier au nombre de malades traités dans les hôpitaux ? En réalité, leur nombre n'est pas dans un rapport constant avec celui de l'ensemble des déprimés, car il dépend du nombre d'hôpitaux et du taux de fréquentation de l'hôpital. Aussi, lorsqu'on consulte un document statistique, est-il nécessaire de garder un esprit critique, non pour récuser les données, mais pour s'assurer de la manière dont elles ont été recueillies et que les conclusions sont bien en accord avec elles.

Le troisième type de précaution méthodologique tient au critère « temps ». L'intensité d'un phénomène morbide est en général mesurée en termes de fréquence par rapport à une unité de temps. La formule la plus parlante est celle du taux de morbidité, qui définit le risque que court un sujet de contracter, sa vie durant, l'affection considérée. Ce taux n'est pas mesurable directement. Il résulte toujours d'un calcul à partir de données plus simples. On se sert habituellement des notions d'incidence et de prévalence. L'incidence définit le nombre de cas nouveaux observés durant une période donnée. La prévalence définit le nombre de malades durant une période donnée. Le taux d'incidence permet de mesurer le taux de morbidité en ornant la précaution de tenir compte, pour chaque tranche d'âge, du risque de survenue en fonction de cet âge. La prévalence renseigne bien sur la fréquence de la dépression dans une population donnée, mais comme il s'agit d'une maladie évoluant par accès, les résultats ne seront pas comparables selon la durée considérée. Si, par exemple, on compte tous les cas de dépression observés à un jour donné, on ne tient pas compte d'un très grand nombre de déprimés qui sont en rémission. Pour obtenir une mesure plus exacte, il faut allonger considérablement le temps d'observation.

La première donnée est évidemment la fréquence globale. La prévalence globale est estimée à 10 à 20 %. Nous avons vu que cela signifie qu'il y aurait dans le monde cent millions de personnes adultes atteintes à un moment donné de dépression cliniquement reconnaissable. Cette estimation est faite à partir d'enquêtes particulières menées sur des échantillons différents. Or les chiffres varient beaucoup d'un pays à l'autre.

Les différences peuvent tenir soit à des facteurs culturels, soit à des conditions locales de dépistage, soit aux critères retenus. C'est pourquoi l'Organisation mondiale de la Santé s'est donnée pour tâche une harmonisation du recueil des données permettant d'affiner l'estimation. On a toutefois de bonnes raisons de penser que les chiffres avancés sont sous-estimés et risquent d'augmenter à l'avenir. Ils reposent en effet sur des statistiques hospitalières ou issues de centres spécialisés et ne tiennent pas compte des dépressions mineures. En outre, les spécialistes de l'Organisation mondiale de la Santé [1] estiment que

1. N. Sartorius, « La dépression : épidémiologie et priorités pour les recherches futures », *L'Encéphale*, 1981, VII, 527-533.

ce chiffre pourrait s'accroître pour les raisons suivantes : l'espérance de vie augmente dans la plupart des pays et le nombre de personnes qui courent un risque augmente donc lui aussi ; l'environnement psychosocial change rapidement et développe la fréquence de situations de stress aigu ou prolongé, en même temps qu'il entraîne des mutations brusques des structures sociales traditionnelles et des situations d'isolement. Il existe aussi un accroissement de la morbidité dû à des maladies génératrices de dépression, soit du fait de la souffrance cérébrale qu'elles entraînent, soit par le retentissement psychologique de leur caractère invalidant (maladies cardio-vasculaires et neurologiques d'une part, affections chroniques rhumatismales de l'autre). La dépression serait donc un des tributs payés à la longévité. Enfin, la consommation accrue (légitime et illégitime) de médicaments multiplie les risques de dépression secondaire. C'est dire que l'épidémiologie de la dépression retient de plus en plus l'attention des responsables de la Santé publique.

L'estimation de la fréquence de la dépression soulève une question extrêmement importante, à laquelle il a déjà été fait plusieurs fois allusion : celle des moyens d'identifier les patients déprimés. En général, les enquêtes portent sur des malades qui consultent des services spécialisés. Or, ce mode de recrutement de la population dépressive prête à de sévères critiques. Si l'on considérait, par exemple, une maladie comme la grippe, les statistiques qui s'appuieraient sur les constats de décès ne compteraient qu'un nombre infime de cas, les statistiques hospitalières en compteraient davantage, mais le chiffre serait très inférieur à celui des malades traités par les généralistes, chiffre vraisemblablement assez faible au regard des malades qui ne consultent aucun médecin. La courbe ainsi réalisée montrerait une forme asymptotique vers le bas. Au contraire, dans le cas d'une maladie rare, grave ou invalidante, seul un petit nombre de cas ne seraient pas traités ou le seraient uniquement par des généralistes, la majorité d'entre eux étant traités par des spécialistes ou à l'hôpital. Dans le cas de la dépression, les opinions divergent, et nous ne disposons pas d'enquête approfondie qui permettrait de décider. Les psychiatres ont en général l'impression qu'ils sont – ou devraient être – les seuls à traiter les états dépressifs. C'est bien souvent ce qui justifie les enquêtes qui s'adressent essentiellement aux spécialistes ou aux statistiques des centres spécialisés. Or le chiffre de vente des antidépresseurs montre qu'il n'en est rien et que les généralistes sont les principaux prescripteurs. Ou bien il faut admettre que ces prescriptions sont pour une grande part injustifiées, ou bien il faut réviser notre opinion. M. Shepherd[1] propose que nous prenions sérieusement en considération l'autre hypothèse :

« Pour résumer une grande quantité d'avis dont beaucoup sont motivés par des considérations épidémiologiques, je voudrais citer les conclusions

1. M. Shepherd, « Approche épidémiologique de la dépression », *L'Encéphale*, 1979, V, 419-426.

d'un médecin de famille anglais intéressé par ce problème. Il a évalué les taux suivants de troubles dépressifs selon leur degré de gravité sur mille individus d'une population :

1. Suicides (0,12)
2. Internements (0,13)
3. Hospitalisation volontaire (0,77)
4. Patients vus par un psychiatre (1,90)
5. Patients vus par un généraliste (12,15)
6. Sujets déprimés n'ayant jamais consulté (?) (150)

Même si nous totalisons les quatre premières catégories, la proportion des sujets déprimés qui parvient à la connaissance du psychiatre ne dépasse pas 2,52 % de la population générale, et pas plus de 1,8 % de tous les sujets déprimés. Ainsi, les psychiatres ne connaissent qu'une étroite frange du spectre de la dépression, laquelle, au surplus, diffère par ses aspects et sa gravité de la grande majorité des cas. »

La fréquence selon les sexes est également importante à considérer. Elle varie évidemment d'une statistique à l'autre, mais, en règle générale, on considère que deux déprimés sur trois sont des femmes. L'interprétation du phénomène est encore très incertaine. Certains pensent qu'il s'agit là d'un artefact lié à des facteurs psychologiques et sociaux : les femmes seraient en général plus disposées à reconnaître l'existence d'un trouble dépressif et à consulter, alors que les hommes auraient davantage tendance à le minimiser ou mettraient plutôt en avant des symptômes secondaires comme le recours à l'alcool et certains désordres du comportement qui ne seraient pas identifiés comme relevant d'une origine dépressive. Toutefois, cette explication ne paraît pas suffisante. Hormis une statistique d'origine indienne qui donne un nombre égal d'hommes et de femmes, le pourcentage généralement admis se retrouve dans les cultures les plus variées, ce qui ne serait guère compatible avec l'hypothèse de l'artefact. On s'est demandé si n'intervenaient pas là des facteurs d'ordre biologique. On sait que les troubles de l'équilibre hormonal de la femme ont des effets dépressiogènes (dépressions liées à l'accouchement, à la ménopause, aux produits contraceptifs). Jusqu'à présent, aucune étude épidémiologique n'a pu clairement démontrer le poids de ce facteur, et nombreux sont ceux qui estiment qu'il demeure globalement assez faible. Reste alors la vulnérabilité de la femme à des épreuves d'ordre psychologique et social. Son statut l'y exposerait davantage. Malheureusement, si nous disposons d'excellentes études sur ces facteurs de vulnérabilité chez la femme, nous manquons d'études comparatives pour la condition masculine.

Les enquêtes épidémiologiques qui tentent d'établir une distinction selon les formes cliniques de dépression sont d'interprétation particulièrement difficile et donnent des résultats fort divergents. Il est déjà délicat de définir des critères précis de dépression, il l'est encore plus d'obtenir des classifications rigoureuses en fonction des formes cliniques. Même en s'en tenant à des catégories très générales comme les psychoses maniaco-dépressives, les dépressions névrotiques et les dépressions réactionnelles, il est douteux que, d'une enquête à l'autre, les critères utilisés soient les mêmes. Toutefois, certaines données ne sont pas sans intérêt quand il s'agit, par exemple, de comparer le poids des facteurs biologiques et celui des facteurs psychosociaux. Ainsi, à propos de la différence de fréquence selon les sexes, l'enquête effectuée dans le comté d'Aarhus au Danemark montre [1] que chez les patients diagnostiqués « psychose maniaco-dépressive », c'est-à-dire chez ceux pour lesquels les facteurs psychosociaux sont censés jouer un moindre rôle, le rapport femmes-hommes est de 1,9, alors qu'il est de 3,3 pour les dépressions névrotiques et de 4,2 pour les dépressions réactionnelles. Cette différence semble assez généralement retrouvée [2], et laisse penser que les facteurs psychosociaux jouent un plus grand rôle que les facteurs biologiques.

L'âge constitue une autre dimension. Dans l'ensemble, les accès dépressifs sont plus fréquents chez les adultes jeunes (entre 18 et 44 ans). Toutefois, le fait serait plus accusé pour les femmes (moins de 35 ans) que pour les hommes. Mais une question plus importante est celle de la date du premier accès (incidence). Dans les états

1. R. Sadoun et N. Quemada, « Épidémiologie de la dépression », *Sem. Hôp.*, Paris, 1981, 57, n° 15-16, 780-785.

2. M. M. Weissman, G. L. Klerman, « Sex differences and the epidemiology of depression », *Arch. Gen. Psychiatry*, 1982, 34, 98-111.

maniaco-dépressifs, la survenue est plus précoce (10 à 30 ans) que dans les dépressions névrotiques (après 30 ans). Ici encore, dans l'un et l'autre cas, l'âge de survenue serait plus précoce pour les femmes que pour les hommes. En réalité, ces chiffres sont d'interprétation très difficile, car ils mettent en cause un très grand nombre de variables. Il en est de même pour le statut marital. Dans l'ensemble, le taux de dépression augmente dans l'ordre suivant : hommes mariés, femmes mariées, femmes célibataires et veuves, hommes célibataires, veufs ou divorcés, femmes séparées et divorcées.

La comparaison entre les modes de vie rural ou urbain n'a donné matière qu'à fort peu d'études. Il semble à première vue qu'on n'observe pas de différences nettes [1], mais il faut largement tenir compte, dans cette comparaison, des facilités de soins offertes aux patients. Leur disparité devrait inciter à augmenter le taux en milieu urbain et rend d'autant plus intéressants les chiffres observés.

Aucune différence de race ni de religion ne semble jouer un rôle, du moins quand on étudie des groupes appartenant à une même communauté nationale et quand on prend soin d'éliminer les facteurs socio-économiques. Ceux-ci, en effet, jouent un rôle important. L'ensemble des travaux, contrairement à une opinion courante, montre que la dépression s'observe plus fréquem-

1. R. Hirschfeld, C. K. Cross, « Epidemiology of affective disorders », *Arch. Gen. Psychiatry*, 1982, 39, 35-46.

ment parmi les classes sociales les plus défavorisées. Ceci est surtout vrai pour les dépressions autres que les formes bipolaires de la maladie maniaco-dépressive.

Ces considérations démographiques montrent en conclusion que deux préjugés doivent être écartés : celui qui lierait la dépression à la vie urbaine et celui qui la rapprocherait d'une condition sociale favorisée. Le premier préjugé témoignait en fait d'une méconnaissance des conditions de vie rurale et d'un optimisme bucolique que rien ne justifie. Le second reflétait assez bien l'idée que la dépression était une « maladie de luxe », à la limite, l'expression d'une sollicitude excessive envers soi-même, conception dont on ne saurait souligner combien, actuellement encore, elle peut porter atteinte au déprimé tant elle est injuste, fausse et méprisante. Il convient de ne pas céder pour autant à la facilité en confondant dépression et misère psychologique ou sociale. Nous verrons que des recherches minutieuses sur la dépression féminine font justice de pareilles banalités.

Différences entre cultures

Une question fondamentale, à laquelle l'épidémiologie pourrait apporter une réponse, est celle de l'universalité de la dépression. Les conditions de culture, l'organisation de la vie sociale et les croyances collectives doivent-elles présenter des traits particuliers pour que la dépression survienne ? Si celle-ci peut apparaître dans n'importe quelle société humaine, les traits qu'elle revêt dépendent-ils de ces conditions de culture ?

Nous avons déjà vu que les statistiques de fréquence montrent des différences importantes d'une société à l'autre. Mais, une fois de plus, il faut insister sur la complexité des faits liés à cette donnée. On ne mesure jamais que le taux de dépressions reconnues, et on utilise comme terrain d'observation les lieux spécialisés. Pour explorer l'ensemble d'une population, il faudrait utiliser des grilles d'entretien ou des questionnaires remplis par le sujet lui-même. Mais ces instruments doivent tenir compte, pour être valides, des caractéristiques de la culture donnée. C'est pourquoi l'épidémiologie statistique, pour l'instant du moins, doit céder la place à une épidémiologie plus clinique qui, à partir d'une étude intensive de cas individuels, permettrait de préciser les traits pertinents pour une étude plus extensive.

L'exemple de la dépression chez les Africains sous-sahéliens montre bien le chemin parcouru [1]. Pendant de nombreuses années, les observateurs ont déclaré que la dépression était rare chez les Africains. En 1936, Gordon rapporte deux cas sur cent vingt malades hospitalisés en milieu psychiatrique à Nairobi. Laubscher, en 1937, signale 22 cas sur 554 malades africains noirs hospitalisés en Afrique du Sud. En 1953, Carothers relève au Kenya 31 cas de psychose maniaco-dépressive

1. M. Gueye, R. Collignon, M. M'Boussou, « Évolution du suicide et de la dépression au Sénégal et en Afrique », *Actes du IIe Congrès international sur le Suicide.*

pour 609 admissions à l'hôpital de Nairobi. Tooth, en Gold Coast (actuel Ghana), observe les mêmes faits et note l'impression d'exubérance qui caractérise l'hôpital psychiatrique africain. Bref, jusqu'en 1955, il est admis que la dépression est un phénomène rare en Afrique. Ceci tiendrait à un facteur culturel et non racial, puisque les statistiques américaines montrent au contraire un plus grand risque chez les Noirs que chez les Blancs, différence qui, elle, en revanche, semble s'expliquer par le niveau socio-économique.

A partir de 1957, les chiffres changent. En 1959, Baker trouve pour l'année 1958 un taux d'incidence de 8 % sur les 598 malades admis à l'hôpital de Zomba au Nyassaland. Des résultats comparables seront retrouvés au Ghana, au Nigéria, au Sénégal. Il y a, bien entendu, plusieurs manières d'interpréter ces faits. La première est de conclure à une augmentation de fréquence de la dépression qui serait peut-être due à l'augmentation de l'espérance de vie [1], mais on voit mal pourquoi l'inversion des taux aurait été si brutale. On a également pensé que la levée des barrières raciales et l'indépendance politique auraient facilité la médicalisation de la maladie dépressive. Mais, là encore, la brutalité du phénomène ne s'accorde pas avec l'hypothèse. Il semble bien que l'on doive effectivement tenir compte du changement socio-politique survenu, mais il aurait plus affecté la méthode d'observation de la dépression que le système des prestations médico-sociales.

1. N. Sartorius, *op. cit.*

Pour que la dépression soit reconnue par l'observateur, il faut que le patient décrive un état intérieur en des termes que l'observateur reconnaît comme les traits de la dépression. Dire « J'ai la tête qui éclate » évoque tout aussi bien une hypertension intra-crânienne que la dépression, alors que la même expérience décrite dans les termes : « Je ne pense qu'aux soucis qui me rongent » sera beaucoup plus évocatrice. Les psychiatres européens qui ont les premiers tenté une estimation de fréquence de la dépression ont sans doute conservé le « code » européen de la sémiologie dépressive et sans doute la coopération croissante de psychiatres africains, plus proches de la culture des malades, a-t-elle permis de reconnaître la dépression sous des descriptions utilisant d'autres métaphores que celles utilisées par les Occidentaux.

Un deuxième facteur tient à une réalité plus profonde. Il ne s'agit pas seulement ici de difficultés de communication, mais d'une diversité de sémiologie. Les observateurs, occidentaux ou africains, ont appris à reconnaître la dépression derrière des apparences trompeuses. Ceci a été confirmé par l'action des médicaments antidépresseurs, qui se sont révélés efficaces sur des formes cliniques très différentes du tableau classique. En somme, la découverte de la fréquence de la dépression en milieu africain serait contemporaine de celle de la dépression masquée en milieu occidental. Elle tiendrait aux mêmes raisons.

Il est donc nécessaire de revenir à la clinique et

de décrire une sémiologie nouvelle qui serait celle de la maladie dépressive en milieu africain. On notera d'abord des éléments négatifs : les dépressions purement réactionnelles sont rares ; les idées d'auto-accusation et d'indignité sont en général absentes ; on observe peu de tentatives de suicide. Par contre, deux séries de symptômes se retrouvent au premier plan : les préoccupations hypocondriaques sur l'état de santé corporel et les idées de persécution. Bien entendu, ces symptômes ne sont pas propres à la société africaine. Nous nous trouvons comme devant différentes données d'un jeu de cartes : les couleurs sont les mêmes, mais la valeur relative des cartes change d'une main à l'autre. La tristesse est toujours là, de même que le ralentissement, souvent masqué par l'agitation et la logorrhée. Les idées agressives contre soi laissent place à la projection sur autrui, sur un mode persécutif. La conscience du trouble psychique semble peu nette au regard de son expression physique. Bien sûr, le tableau correspond à un type : il y a autant de variations individuelles en Afrique qu'en Europe. Mais on notera d'emblée que les mêmes faits se retrouvent peu ou prou dans de nombreux États africains, sans que joue la différence de langue ou de religion. Ce qui compte plutôt, c'est la forme de vie sociale. Le tableau spécifique décrit serait surtout net chez des patients qui partagent encore un mode de vie traditionnel. Il serait moins net et moins fréquent chez les Africains qui ont renoncé à ce mode de vie et qui ont adopté des habitudes occidentales.

M. Gueye, R. Collignon et M. M' Boussou [1], en reprenant l'étude de 700 dossiers de malades déprimés suivis à l'hôpital Fann de Dakar entre 1961 et 1980, isolent, sur 417 dossiers interprétables, trois types de dépression : un type I qu'ils qualifient de syndrome dépressif africain et qui correspond au tableau clinique que nous venons de voir ; un type II dont la symptomatologie correspond au modèle occidental ; et un type III, mixte. En comparant les 259 malades vus dans les années soixante aux 158 vus au cours des années soixante-dix, on note une diminution sensible des maladies du type I, évolution qui semble plus nette pour les hommes que pour les femmes. « On peut penser, écrivent les auteurs, que l'homme africain acculturé aura tendance à recourir à une réponse de type dépressif face à ses difficultés ; il le fera d'une manière plus conforme au modèle classique psychiatrique de la dépression que la femme africaine qui reste plus ancrée dans le milieu culturel traditionnel. »

Les préoccupations hypocondriaques et les tendances persécutives ne semblent pas propres à la dépression, et constituent sans doute des caractéristiques dominantes de la psychopathologie africaine. Les préoccupations hypocondriaques semblent correspondre à une perspective très uniciste du trouble, dans une visée anthropologique où l'activité mentale est moins séparée du corps que dans la culture occidentale. On peut aussi incriminer les croyances magiques de possession et

1. M. Gueye, R. Collignon et M. M' Boussou, *op. cit.*

d'envoûtement. Quant à la persécution, elle serait à rapprocher de la faible individuation de l'Africain traditionnel au regard de son appartenance au groupe social. Dès lors, le mal ne sera pas perçu comme une caractéristique propre de l'individu, mais comme la rupture avec le monde dont il dépend, d'où un sentiment d'exclusion et de rejet aggravé par les croyances en un châtiment émanant du surnaturel[1].

Quant au changement observable, on peut lui trouver des analogies dans le monde occidental. Murphy[2], en 1978, comparait la dépression africaine à celle décrite en Angleterre au XVIe siècle. Il lui semblait que les sentiments de culpabilité et d'auto-accusation avaient pris de l'importance au XVIIe siècle, comme en témoignerait l'étude comparée de documents entre 1620 et 1670. En somme, avec la transformation du monde rural traditionnel se serait alors produit le même changement que celui que nous observons en Afrique. On voit tout ce qu'une approche transculturelle doit à l'observation individuelle et à l'anthropologie clinique.

La comparaison de la sémiologie dépressive d'une société à l'autre n'a pas été limitée à l'Afrique. Katz[3] a étudié à Hawaï des déprimés d'origine japonaise et occidentale. Il a noté également

1. On trouvera une étude approfondie de ces mécanismes chez Zempleni, à propos de malades traités dans l'Institution prophétique de Bregbo, en Côte d'Ivoire. A. Zempleni, « De la persécution à la culpabilité », in *Prophétisme et Therapeutique*, publié sous la direction de Colette Piault, Hermann, Paris, 1975.

2. Cité par Gueye et al., *op. cit.*

3. Cité par Sadoun et Quemada, *op. cit.*

chez les Japonais l'absence du sentiment de culpabilité et l'importance du sentiment de honte.

L'intérêt essentiel du débat est sans doute de savoir s'il existe un noyau dépressif qui serait constitué d'éléments universels les moins sensibles aux variations culturelles, ou si l'ensemble de la symptomatologie dépressive est ainsi sujette à des variations, comme un décor dont on pourrait changer toutes les pièces sans nuire à sa structure d'ensemble.

Une enquête de l'Organisation mondiale de la Santé a été menée dans cinq centres : Bâle, Montréal, Nagasaki, Téhéran et Tokyo. Entre autres objectifs, il s'agissait de comparer la symptomatologie dépressive en utilisant des instruments d'investigation communs pour assurer la plus grande homogénéité des données recueillies. On a retrouvé les différences attendues en ce qui concerne la fréquence des idées d'indignité et d'auto-accusation (68 % à Bâle contre 32 % à Téhéran). Mais le plus intéressant fut l'analyse multivariée qui a montré que la moitié de la variance observée dans les données provenant de tous les centres était explicable par 15 facteurs (facteurs correspondant en somme aux couleurs du jeu de cartes dont il a été question précédemment). Le premier facteur est le syndrome adynamie-ralentissement (10 % de la variance), facteur que l'on peut estimer en rapport avec le noyau dépressif commun. Le second (5 % de la variance) correspond à la présence d'accès maniaques antérieurs, ce qui confirme que la maladie maniaco-dépressive est la forme la moins sensible aux facteurs de milieu.

L'étude transculturelle de la dépression ne présente pas seulement l'intérêt d'orienter des choix de politique de santé en fixant par exemple l'importance des moyens en fonction des besoins. Elle nous éclaire sur certains aspects psychosociologiques de la dépression, et nous aide à repérer ce qui constitue la dimension universelle de la dépression. Statistique et clinique se complètent. La première étudie les relations de dépendance entre un grand nombre d'événements, les « cas » de dépression, et un grand nombre de caractéristiques socio-démographiques. Elle étudie cette dépendance à partir de la mesure des corrélations entre les deux ensembles. Ce qu'elle recherche, c'est une cause, mais au sens probabiliste, autrement dit un facteur de « risque », ou, pour utiliser un langage plus neutre, une chance de réalisation. Elle laisse entière la question du mécanisme, qui est double : comment cette cause agit-elle et pourquoi peut-elle ne pas agir ? L'anthropologie clinique vient partiellement répondre à ces questions, en décrivant des types et des mécanismes. Ces descriptions portent sur le malade et sur son entourage. Elles tentent de rendre compréhensibles les systèmes dans lesquels s'articulent les symptômes du malade, les croyances collectives et les interactions sociales. De l'observation macroscopique à grande échelle de la maladie comme fait social, on est passé à l'observation microscopique, individuelle, des interactions entre la pensée du malade et celle du groupe ; d'une logique des probabilités à une phénoménologie de la pensée collective.

L'événement vital

Avec la notion d'événement vital *(life event)* se trouve introduite une idée différente. L'événement n'est pas seulement une réalité extérieure, mais une réalité datée. Il implique un avant et un après, et s'il est cause de la dépression, c'est parce que celle-ci survient dans un temps déterminé. D'où, comme nous le verrons, un intérêt très particulier accordé à ces critères de temps dans l'étude de l'événement. Cette étude se veut complémentaire des données cliniques traditionnelles et des données psychanalytiques. Nous avons vu que les premières reposaient sur la relation du sens et tenaient pour une évidence phénoménologique la relation que le malade établit entre un événement et son état. Nous avons vu que ce qui apparaît, au premier abord, comme une relation de causalité, est en fait une relation d'implication. Les données psychanalytiques, quant à elles, ont montré entre l'événement et la maladie un autre lien : l'événement introduit un changement dans le rapport du sujet à l'objet et le rapport premier est intériorisé dans l'activité mentale du sujet. L'événement est cause de l'intériorisation. Mais si le mécanisme obéit à une logique toute différente, le statut de l'événement n'a pas changé. Ce qui s'est modifié, c'est, très partiellement, son contenu : à l'événement comme source de douleur s'est substituée la notion d'événement comme perte, perte de l'objet ou perte de l'estime de soi. Une question demeure toutefois : celle de la réalité de l'événement. Toute dépression est-elle réactionnelle ? L'événement n'est-il qu'un prétexte ? L'étude des *life events*, si exemplaire de l'empirisme positiviste, est là pour tenter d'y répondre.

L'événement est en effet, dans cette perspective, considéré comme un fait objectif, datable dans l'histoire de l'individu. Il s'agit d'évaluer son rôle dans l'étiologie de la dépression, non en raison de sa signification subjective, mais en fonction de son importance objective qui dépend de sa nature et de son intensité. L'événement apparaît comme une épreuve qui affecte douloureusement l'individu, l'oblige à une adaptation psychologique difficile ou impossible. Une telle étude ne peut reposer sur l'observation individuelle, car il est impossible de se dégager de la signification de l'événement pour la personne elle-même. On ne peut que procéder à une étude de masse comparant une population d'individus, exposés à l'événement, à une population de référence servant de témoin.

Une recherche de grande envergure menée dans cet esprit a acquis au cours des années soixante-dix une célébrité justifiée : il s'agit de l'enquête dirigée par deux sociologues londoniens du département de sociologie du Bedford College, George W. Brown et Tirril Harris [1]. Menée en deux temps

1. G. W. Brown, T. Harris, *Social origins of depression, a study of psychiatric disorder in women*, Tavistok Publications, Londres, 1978.

(1969/71 et 1974/75), elle a porté sur une centaine de patientes traitées pour dépression et sur près de cinq cents femmes « témoins », dont 17 % se sont révélées être affectées de difficultés psychologiques. Toutes ces femmes, âgées de dix-huit à soixante-cinq ans, habitaient le même district, celui de Camberwell, dans le sud de Londres. Cette étude a été amplement citée, re-analysée par d'autres, discutée, et parfois contredite. Par l'ampleur de l'échantillon retenu et la rigueur de la méthode, elle demeure un modèle qui a été suivi par de nombreux autres travaux[1].

Comme tout autre, ce genre de recherches se heurte à des difficultés méthodologiques qu'il faut connaître pour juger des résultats. Il s'agit principalement d'études rétrospectives qui recherchent des événements antécédents. La collecte des événements repose donc nécessairement sur l'enquête auprès des intéressés. Le risque est évidemment la distorsion des souvenirs : oubli chez tous, malades ou témoins, amplification pessimiste rétrospective chez les déprimés. Quelle que soit l'habileté de présentation du questionnaire, les biais sont inévitables ; d'où l'intérêt d'entretiens approfondis qui permettent à l'observateur de contourner ces difficultés. Mais on court le risque que cette liberté conduise à des interprétations subjectives, avec aussi l'inconvénient d'alourdir la procédure d'examen. On peut également corriger l'appréciation subjective en cotant de manière sys-

1. E. S. Paykel, « Life Events and Early Environment », in *Handbook of Affective Disorders*, Paykel Edit, The Guilford Press, New York, 1982.

tématique le poids respectif des événements en fonction de leur nature, sans tenir compte de l'opinion du sujet. Une autre difficulté tient au fait qu'il est toujours difficile de dater le début de la dépression et que certains événements n'en sont pas la cause, mais la conséquence : une démission hâtive, une rupture sentimentale sont souvent insidieusement provoquées par la dépression. Pour surmonter cette difficulté, deux solutions ont été proposées : la première (Paykel, *op. cit.*) consiste à être très vigilant sur la date du début des premiers troubles et à pécher par excès plutôt que par défaut ; la seconde (Brown, *op. cit.*) consiste à ne retenir que des événements neutres qui, en raison des circonstances de leur survenue, apparaissent comme tout à fait indépendants des initiatives du sujet.

Au lieu de définir d'emblée les deux groupes à comparer, on peut encore recourir à une enquête épidémiologique classique au sein d'une population générale et vérifier si la variable « événements » est corrélée à celle de « dépression », en d'autres termes voir si, parmi ceux qui ont subi des événements traumatiques récents et graves, le nombre de déprimés est plus grand que chez ceux qui ont été moins exposés.

L'ensemble de ces travaux confirme qu'il existe une relation entre événements traumatiques et dépression. Trois fois plus d'événements dans les six derniers mois, indique Paykel. Pour Brown, tous événements confondus, cela n'est vrai que pour les trois semaines qui précèdent la dépression ; mais si l'on ne retient que les événements les plus graves, le fait se vérifie pour les quarante-huit semaines précédentes. A l'aide d'une enquête épidémiologique qui a intéressé deux mille habitants de Chicago, on constate une relation positive entre stress et dépression, le cas le plus fréquent étant les stress tenant à la vie conjugale. Fait important, les événements traumatiques expliqueraient mieux la dépression que les considérations socio-démographiques classiques.

Il s'agit généralement de pertes, de séparations. Mais le fait n'est pas très assuré. Ce qui semble importer surtout, c'est le caractère menaçant de l'événement. Plus intéressant peut-être est d'essayer de mesurer l'importance du rôle de ces événements dans le déclenchement de la dépression. S'agit-il d'un rôle d'appoint ou d'un rôle déterminant ? Le calcul du risque relatif est une manière ingénieuse de le mesurer : on établit la différence entre le nombre de déprimés qui ont connu de pareils événements de manière plus intense, et le nombre de déprimés qui n'ont pas connu plus d'événements traumatiques que la moyenne générale. On suppose en effet que si la différence était nulle, cela voudrait dire que ce facteur ne joue aucun rôle, et qu'en revanche, si tous les déprimés figuraient dans le premier groupe, cela pourrait signifier que ce facteur explique toute la différence (le conditionnel voulant dire ici qu'il peut s'agir d'un autre facteur très directement lié à celui-là). Avec cette méthode, Paykel montre qu'il y a six fois plus de risques de devenir déprimé si on a connu des événements graves au cours des six mois précédents. Il est intéressant de noter que le risque est moindre pour les états schizophréniques, mais qu'il est plus grand pour les suicides. On sait bien, en effet, que toutes les tentatives de suicide ne sont pas liées à un état dépressif, et que l'ensemble des tentatives de suicide est encore plus sensible aux événements traumatiques que la dépression. Une autre manière de mesurer ce poids est de se référer à la durée, et de voir sur combien de temps l'événement exerce ce pouvoir pathogène. Brown, par cette méthode, montre que seuls les événements des dix dernières semaines jouent un rôle dans les états schizophréniques, alors que ceux des deux années précédentes en jouent un dans la dépression. Il conclut que les événements traumatiques ne jouent qu'un rôle déclenchant dans les schizophrénies, alors qu'ils jouent sans doute un rôle plus déterminant dans les dépressions.

Toutes ces études rétrospectives confirment que la dépression n'est pas indépendante des événements réels survenus au cours des mois précédents, et que cette dépendance est plus importante que pour toute autre affection mentale. Mais elles ne précisent pas si cet effet est identique pour toutes les formes de dépression, et surtout elles ne répondent pas à la question de l'importance de ce facteur par rapport à d'autres. A cet égard, comparer le poids des événements antécédents dans les formes cycliques – notamment les formes bipolaires réputées endogènes – par rapport aux autres serait d'un grand intérêt. Les quelques études qui ont entrepris cette comparaison semblent toutefois indiquer qu'il n'y a guère de différence entre les formes cliniques de dépression et que les événements antécédents jouent un rôle égal dans les formes dites endogènes et dans les autres.

On peut également étudier le rôle des événements par une approche prospective et non plus rétrospective. La question est alors de savoir, à la suite d'un événement donné, quelle est la probabilité d'apparition d'une dépression. Compte tenu du rôle attribué à la perte, on s'est principalement intéressé aux deuils de parents proches. On a constaté une fréquence anormale d'états dépressifs, bien que la différence entre le deuil normal et la dépression réactionnelle ne soit pas aisée à établir et repose peut-être sur de simples conventions. Paula Clayton a réalisé plusieurs études longitudinales sur l'évolution psychologique de personnes ayant perdu leur conjoint. Elle a montré que les signes de dépression diminuaient progressivement avec le temps. Étudiant cent neuf veuves et veufs, elle a montré que 35 % d'entre eux présentaient des signes francs de dépression un mois après le deuil et que ce chiffre tombait à 25 % à quatre mois et à 17 % après un an. Cependant, peu d'entre eux ont eu besoin de recourir à des soins. D'autres travaux ont porté sur le risque de dépression après l'accouchement ou après une hystérectomie. Les résultats sont encore malaisés à interpréter et il est sans doute nécessaire que d'autres enquêtes soient entreprises. La grande difficulté de ce genre de travail réside dans la nécessité de continuer l'observation des sujets pour détecter la survenue du trouble.

En définitive, les résultats obtenus par ces enquêtes ne sont peut-être pas à la mesure de leur coût. Elles démontrent que la dépression est bien, en partie, réactionnelle à des événements réels. Fait plus intéressant : ce facteur environnemental intervient dans toutes les formes de dépression. On n'a pu, jusqu'à présent, démontrer de manière claire que le poids de ce facteur varierait selon la forme clinique, bien qu'il existe de fortes présomptions pour dire qu'il n'est pas égal dans tous les cas. Mais, comme un des critères de la dépression « endogène » est précisément que les facteurs événementiels y comptent peu, nous sommes là prisonniers d'un raisonnement tautologique. Plus intéressant peut-être serait l'argument selon lequel l'absence nette d'événement traumatique laisserait présager une action plus positive des antidépresseurs [1]. Mais comment interpréter ce fait ? S'agit-il d'un effet lié à la cause de la dépression ou au fait que l'existence d'une souffrance morale persistante entretient la réponse dépressive ?

Il est clair, en tout cas, que l'événement traumatique ne constitue qu'un facteur de risque parmi d'autres, que tous ceux qui y sont exposés ne présentent pas de dépression et que tous les déprimés n'ont pas connu de tels événements. On revient donc nécessairement à l'idée que l'événement prend toute sa signification traumatique de sa connotation subjective. Ceci n'a pas empêché Brown, Harris et leurs collaborateurs d'essayer de

1. Bielski et Fridel, *op. cit.*

définir plus objectivement les facteurs prédisposants qui contribueraient à donner à l'événement son pouvoir pathogène. Ils ont introduit dans leur recherche la notion de vulnérabilité.

Soit un événement objectivement traumatique : peut-on déterminer par la méthode statistique les conditions qui expliqueraient que la dépression survienne ? La démarche est relativement simple. En comparant, à événement traumatique égal, les données qui, avec une signification statistique suffisante, sont liées à la présence ou à l'absence de dépression, l'équipe de Camberwell a pu ainsi montrer que les femmes les plus vulnérables à l'événement traumatique étaient celles qui ne travaillaient pas à l'extérieur du foyer, étaient de milieu social ou de niveau économique plutôt défavorisé, avaient encore de jeunes enfants au foyer, n'avaient pas de relation confiante et facile avec leur conjoint, ou avaient perdu leur mère avant l'âge de onze ans. Tous ces facteurs pris isolément se retrouvaient avec une plus grande fréquence chez les femmes déprimées.

Ces résultats sont peut-être ceux qui ont contribué à la popularité de l'étude de Brown. Ils ont en effet largement aidé à dissiper le préjugé selon lequel la dépression serait une maladie de luxe. Toutefois, ces conclusions sont encore actuellement l'objet de controverses. Il est important de souligner que ces caractéristiques sociales ne sont pas nécessairement cause de la dépression, ni même que les femmes déprimées présentent plus souvent l'une ou l'autre d'entre elles, mais qu'en présence du même traumatisme, le risque de dépression est plus grand lorsqu'elles existent. Ceci n'exclut pas d'autres facteurs favorisants, qu'il s'agisse de prédispositions biologiques ou de caractéristiques de la personnalité.

Une remarque générale s'impose : lorsqu'il s'agit d'apprécier le rôle de l'environnement, la méthode statistique prend le pas sur toute autre démarche. Ceci tient à diverses raisons : elle est tout d'abord rendue possible du fait que l'événement se trouve réduit à sa face objective et qu'un des meilleurs critères de cette réduction est précisément qu'il devienne un fait public accessible à tout observateur et se prêtant à toute généralisation. Elle s'impose aussi en raison de l'extrême complexité des facteurs de milieu : on ne peut procéder qu'à des mesures comparatives sur des échantillons qui ne se distinguent que par une seule variable, ou à des analyses statistiques multivariées. On sait toutes les préventions qui accompagnent la démarche statistique lorsqu'on tente de l'appliquer aux conduites humaines. Il est vrai qu'elle n'a qu'une faible valeur pour le clinicien qui n'aime guère raisonner en termes de probabilité et qui doit accumuler toutes les informations accessibles pour fonder sa décision sur la nécessité du cas plutôt que sur la probabilité des événements. En outre, la causalité externe qui caractérise la relation de l'événement à la dépression ne dispense pas de l'effort que le chercheur doit faire pour expliquer les mécanismes d'action et le rôle de la personnalité et de l'histoire individuelle. Toute tentative pour corroborer les données cliniques par l'épidémiologie risque à cet égard d'échouer. L'étude des événements qui constituent des pertes réelles ne permet ni d'infirmer ni de confirmer la place que les psychanalystes accordent à la problématique du deuil dans la dépression. Car celle-ci peut se fonder sur des événements objectifs mineurs, voire sur des événements paradoxaux comme dans les dépressions survenant après un succès ou un événement longtemps désiré ou attendu. Ce qui est gain objectif peut être vécu comme perte.

Toutes ces réserves ne diminuent en rien une approche positive et macroscopique des faits. L'intérêt de cette approche n'est pas tant la vérification objective des faits cliniques que la découverte de facteurs inapparents à l'échelle individuelle, tels, par exemple, les facteurs de vulnérabilité proposés par Brown. Un intérêt pratique secondaire, bien souligné par cet auteur, est que la notion de vulnérabilité implique son contraire : celle de facteurs protecteurs. Aucune autre approche ne permet de démontrer que certaines conditions sociales ou familiales ne sont pas neutres, mais jouent un rôle préventif vis-à-vis de la dépression en présence d'événements traumatiques.

La notion de vulnérabilité nous montre également que la méthode statistique n'a pas seulement un intérêt descriptif. Il ne s'agit pas simplement de dénombrer certains faits et d'en proposer une interprétation. Comme toute autre forme de recherche, l'épidémiologie nécessite une hypothèse de départ précise et la mise en place d'une technique d'enquête adaptée à la vérification de l'hypothèse. Un résultat ne clôt pas une interrogation, mais suscite au contraire d'autres questions. Celle-ci peuvent trouver réponse dans une nouvelle démarche épidémiologique. « Dans une recherche extensive, écrivent Brown et Harris[1], il peut se produire le même enrichissement réciproque [qu'en d'autres recherches] des faits et des idées. On introduit de nouvelles variables, généralement une ou deux à chaque étape, à partir des données accessibles. Les veufs qui vivent avec des enfants se suicident-ils moins que ceux qui vivent seuls ? En fonction de la réponse, d'autres questions surgissent qui doivent être mises à l'épreuve. Qu'en est-il des veufs qui n'ont jamais eu d'enfants ou de ceux dont les enfants vivent dans le voisinage ? Comme les estimations de tous les facteurs possibles se comptent probablement par millions, on ne saurait prétendre tout apprendre d'un coup, il faut sélectionner, heureusement à l'aide de bases théoriques, ce que l'on va regarder... Un des dangers de la technologie informatique nouvelle est qu'elle peut brutalement mettre fin à cette interaction de la pratique des faits et de celle de la théorie. »

La logique statistique est une logique du risque. Elle dégage le risque réel de l'événement aléatoire Tout compter, tout dénombrer conduit à des résultats sans intérêt si l'hypothèse ne repose pas sur une théorie cohérente. Cette logique nous renseigne sur le poids d'un facteur dans la survenue d'une dépression. Elle ne nous permet pas de

1. *Op. cit.*, p. 13.

dresser un tableau des causes. Dire que les événements récents jouent un rôle plus déterminant que le sexe ne veut pas dire qu'une cause est plus importante que l'autre, car l'événement lui-même n'est pas indépendant du sexe. De même, il ne s'agit pas de mesurer le poids des facteurs sociaux par rapport à ceux de la personnalité ou d'un caractère biologique, car ils ne se situent pas sur le même plan. Les stress de la vie ont peut-être des conséquences physiologiques qui favorisent la dépression. Les causes distinctes ne s'additionnent pas comme des éléments, elles se superposent et interfèrent entre elles.

V
Le terrain biologique

Dire qu'une dépression est endogène, c'est dire que ses conditions de survenue ne tiennent en rien aux circonstances, mais qu'elle est entièrement produite par un état intérieur. La question posée est celle de la nature de la transformation qui produit cet état. Pourquoi et comment devient-on déprimé lorsque nulle raison accidentelle, physique ou morale, ne peut l'expliquer ? L'endogénéité définit donc une classe de dépression. Dans la pratique, celle-ci correspond à la maladie maniaco-dépressive dans ses formes uni ou bipolaires.

Les critères retenus en faveur de l'endogénéité sont l'évolution par accès francs, l'absence complète de troubles entre les accès, et, dans les formes bipolaires, la survenue associée d'épisodes maniaques et dépressifs. Nous venons de voir que même ces formes n'étaient pas exemptes d'influences accidentelles tenant au milieu. Mais ces influences comptent peu et il faut bien admettre que le terrain joue un rôle considérable.

Peut-on définir psychologiquement ce terrain ? Nous avons vu que phénoménologistes et psychanalystes avaient cherché à le circonscrire. Malheureusement, quand on essaie de dégager les traits les plus généraux, on trouve des caractéristiques qui témoignent d'une adaptativité extrême, d'un certain conformisme que l'on décrira comme obsessionnel, mais dont la plus saillante est sans doute une normalité psychique poussée à l'extrême. Cette « hypernormalité » cache sans doute beaucoup de passion et de violence, et nous verrons que ce sont peut-être ces formes contenues qui donnent, à l'occasion de l'épisode dépressif, les troubles psychiques majeurs de la mélancolie.

La dépression endogène s'accompagne évidemment d'une modification de l'état mental. La question demeure de savoir si les accès peuvent être dus à la personnalité habituelle du déprimé. Il est difficile de le dire, mais on observera qu'il ne s'agit pas là, à proprement parler, d'un facteur d'endogénéité. La personnalité, quelles que soient ses caractéristiques, ne peut se déprimer qu'en réponse à des événements. Et, de ce point de vue, ce sont les dépressions dites névrotiques qui sont le plus dépendantes de la personnalité. Toutefois, dans ces dernières, la personnalité des sujets contient déjà les traits qui vont s'exprimer avec plus de netteté au cours de l'état dépressif. Ce dernier amplifie la souffrance et les conflits qui existent en permanence. En outre, cette personnalité dépressive – ou « prédépressive » – n'est pas le fruit du hasard. Elle a une histoire, un développement. En revanche, dans les dépressions endogènes, c'est le contraste entre la personnalité habituelle et l'état mélancolique qui surprend. Et la personnalité qui s'observe entre les accès dépressifs ne laisse rien voir de ses origines.

Il y a donc de fortes raisons pour penser que la personnalité des sujets présentant une dépression dite endogène n'est pas « la cause » de la dépression. Certains l'ont considérée comme l'expression du terrain biologique. C'était au fond, nous l'avons vu, la théorie d'Aristote. D'autres y ont vu un mode d'adaptation aux forces biologiques endogènes. Il est certain, en tout cas, que le peu que nous savons sur les facteurs endogènes de dépression repose sur les données biologiques. Les unes concernent les troubles du sommeil, les autres les données sur l'hérédité de la dépression.

Comment expliquer les signes physiques qui accompagnent un état dépressif? Certains, comme l'hypotension artérielle fréquemment observée, semblent liés au mécanisme neurophysiologique. D'autres, comme les troubles sexuels ou alimentaires, sont l'expression d'anomalies du comportement. Restent les troubles du sommeil dont la fréquence est très grande. Des travaux récents ont montré qu'ils pouvaient constituer en partie le terrain prédisposant, reflétant un trouble de certains rythmes biologiques.

Les rythmes de la nature gouvernent la vie. Le cycle du jour et de la nuit, celui des saisons exercent une influence sur l'ensemble de la vie végétale et animale. Chez l'homme, le rythme veille-sommeil est un bon exemple de rythme circadien, c'est-à-dire oscillant sur approximativement vingt-quatre heures. Un autre exemple, connu depuis longtemps, est celui de l'évolution de la température corporelle au cours de la journée. On a pu montrer qu'en réalité, de très nombreuses fonctions biologiques obéissent à de tels rythmes. L'avantage est évident : l'organisme épargne des produits dont la fabrication lui coûte cher en limitant leur sécrétion en fonction de ses besoins, selon l'heure du jour ou de la nuit.

Sommeil et dépression

Les rythmes circadiens ne sont pas rigoureusement synchrones aux vingt-quatre heures. Lorsqu'on place des sujets dans une situation d'isolement sensoriel, donc dans l'ignorance du temps réel et de l'alternance jour-nuit, on s'aperçoit que les rythmes spontanés sont tous plus longs que vingt-quatre heures, et durent environ vingt-cinq à vingt-sept heures. Tout se passe comme s'ils obéissaient à une horloge interne qui retarderait chaque jour de deux à trois heures et que l'on devrait remettre à l'heure quotidiennement. Cette remise à l'heure s'effectue grâce à des indicateurs de temps *(Zeitgebers)*. Le cycle jour-nuit, les repas et, en général, les habitudes de la vie sociale viennent ainsi corriger chaque jour la tendance au retard que prennent les rythmes intrinsèques. Ceux-ci ne sont pas tous de même durée et, en outre, varient selon les individus. Il y a des horloges qui retardent beaucoup, d'autres qui sont presque à l'heure.

Or, un certain nombre d'indices font penser

que dans la dépression, les rythmes peuvent jouer un rôle. Les troubles du sommeil y sont fréquents, parfois une hypersomnie, plus souvent un mauvais sommeil et des réveils fréquents. Il peut exister un endormissement difficile et des réveils nocturnes avec difficultés pour s'endormir à nouveau, mais le trait le plus caractéristique est l'insomnie de la dernière partie de la nuit. Habituellement, c'est durant la fin de la nuit et le début de la matinée que le déprimé se sent le plus mal. Il semble également exister un rythme saisonnier, l'accès dépressif survenant plus fréquemment au printemps et à l'automne.

A ces données cliniques sont venus s'ajouter des signes décelés par l'enregistrement polygraphique continu. Le sommeil est caractérisé par des transformations de l'activité électrique du cerveau par rapport à l'état de veille. Ces modifications peuvent être étudiées lorsqu'on enregistre durant la nuit entière cette activité électrique grâce à l'enregistrement électro-encéphalographique auquel on associe d'autres mesures, en particulier l'activité motrice des yeux, le rythme respiratoire, etc. Le sommeil peut être divisé en deux états très différents : le sommeil proprement dit, ou sommeil lent, caractérisé par la suppression des ondes rapides alpha, dites d'éveil, et l'établissement d'un rythme plus lent (on différencie d'ailleurs ce sommeil lent en fonction du rythme électrique : le sommeil le plus profond – stades 3 et 4 – est caractérisé par des ondes particulièrement lentes) ; par ailleurs, il existe un sommeil paradoxal, ainsi dénommé parce qu'il associe une hypotonie musculaire (donc une immobilité) à un tracé électrique d'éveil et à des mouvements oculaires rapides. Ce sommeil apparent est donc en rapport avec une activité cérébrale comparable à l'état de veille. On rattache souvent le phénomène du rêve à ce stade. En fait, il semble que ce soient plutôt l'imagerie visuelle et la capacité de mémorisation qui lui sont spécifiques. D'autres rêves semblent correspondre à d'autres moments du sommeil. Les phases de sommeil paradoxal se succèdent au cours de la nuit, elles durent environ 10 à 30 minutes et se répètent toutes les 90 minutes. La première phase ne survient que 45 à 50 minutes après l'endormissement. Les phases tendent à devenir plus fréquentes et de durée plus longue au fur et à mesure que la nuit avance.

Les enregistrements polygraphiques chez les déprimés montrent, au cours de l'accès, un nombre d'éveils plus fréquents, une diminution du sommeil lent profond et une augmentation du sommeil le moins profond. Mais les anomalies les plus caractéristiques portent sur le sommeil paradoxal : les mouvements oculaires rapides sont plus nombreux au cours des premières phases, celles-ci sont plus fréquentes au cours du premier tiers de la nuit et diminuent durant le dernier tiers. Il existe enfin une diminution du temps de latence d'apparition de la première phase. Tel est du moins le type le plus fréquent d'anomalies. En fait, les modifications varient d'un individu à l'autre et il s'agit toujours de moyennes établies à partir de mesures répétées sur plusieurs individus. En outre, il faut dire qu'il existe d'importantes différences entre les observateurs, et les résultats sont parfois contradictoires. Ceci tient au petit nombre de sujets explorés : la technique d'enregistrement continu au cours de plusieurs nuits est lourde, difficile à imposer, voire à proposer à un déprimé. Les enregistrements sur plusieurs nuits nécessitent que le malade ne prenne aucun traitement antidépresseur, ce qui soulève une difficulté d'ordre éthique. Enfin, l'exploration est longue, et l'interprétation des données nécessite un travail minutieux qui requiert une personne très qualifiée, disposant de beaucoup de temps. Pour toutes ces raisons, les travaux portent habituellement sur un petit nombre de cas et la généralisation des données est difficile, compte tenu des variations individuelles. Néanmoins, on peut tenir pour acquis qu'en moyenne, les anomalies ci-dessus décrites se retrouvent chez les déprimés.

L'explication de ces phénomènes qui semble actuellement la plus vraisemblable – ou du moins qui rend compte de la plus grande part des faits – a été proposée par Snyder en 1958 : il existerait, au cours de l'état dépressif, une avance de phase du rythme circadien auquel est lié le sommeil paradoxal. Tout se passe comme si le rythme des périodes de sommeil paradoxal se décalait de la fin vers le début de la nuit. Pour comprendre ce phénomène, il faut savoir que sommeil lent et sommeil paradoxal n'obéissent pas au même rythme. On connaît actuellement deux rythmes fondamentaux : le premier est le rythme veille-sommeil, il intéresse en réalité le sommeil lent ; le second intéresse le sommeil paradoxal, dont le rythme est lié à celui de la température corporelle et de certaines sécrétions hormonales. Il y a donc indépendance, au niveau des rythmes intrinsèques, entre les deux formes de sommeil. Ils obéissent à deux régulateurs internes distincts.

Or ces deux régulateurs n'ont pas la même force. Les rythmes du sommeil paradoxal et de la température dépendent d'un synchroniseur (ou régulateur) fort, c'est-à-dire que sa période propre, qui est de 25 heures environ, ne se laisse pas aisément modifier. Les indicateurs de temps ont du mal à « remonter l'horloge » pour imposer la période de 24 heures. Au contraire, le rythme veille-sommeil dépend d'un régulateur faible dont la période est aisément modifiable par les indicateurs de temps. Cette différence de force est tout à fait sensible lorsque le sujet est soumis à un brusque et important décalage horaire *(jet lag)*. Sous l'influence de l'alternance jour-nuit et des changements d'horaires liés à la vie sociale, tout se passe comme si nous changions brusquement l'heure de l'horloge interne. Le régulateur faible obéit assez facilement et rapidement : autrement dit, le rythme veille-sommeil lent s'adapte bien au changement. Au contraire, le rythme de la température ne se modifie que très lentement, et minimum et maximum thermiques continuent d'obéir au régime horaire initial. Il est vraisemblable que c'est tout le régulateur qui résiste, car les taux hormonaux suivent la même règle et demeurent liés à la température. Il est probable qu'il en va de même pour le sommeil paradoxal, bien que cela soit plus difficile à mesurer, puisqu'il n'apparaît que lorsque le sommeil lent se manifeste. Ce que l'on observe alors, c'est une désorganisation dans l'horaire de survenue des phases de sommeil paradoxal au cours du sommeil lent. Un calcul relativement simple permet alors d'observer que la survenue de ces phrases continue d'évoluer parallèlement au rythme nycthéméral de la température et aux taux de sécrétion hormonale.

En fait, les données ne sont pas si simples à interpréter, car des phénomènes de masquage et d'interférence les compliquent. Par exemple, le sommeil lent exerce une influence directe sur la température cutanée qu'il tend à abaisser. En temps normal, cet effet se cumule avec le rythme propre de la température et l'hypothermie observée en fin de nuit dépend à la fois du rythme intrinsèque et de l'effet direct du sommeil. Mais quand un décalage s'observe, au cours d'un *jet lag*, par exemple, la température résulte de deux facteurs qui agissent de manière indépendante et, lorsque le décalage horaire est suffisant, de manière contradictoire. Les courbes thermiques sont alors d'interprétation beaucoup plus difficile et des calculs plus complexes doivent analyser l'effet de chacun des facteurs. Les mêmes faits s'observent pour les sécrétions hormonales. Quant au sommeil paradoxal, il n'apparaît qu'au cours du sommeil lent, mais, si le sujet fait une sieste au cours de l'après-midi, on peut observer la survenue d'une de ses phases. Normalement, cette survenue ne s'observe pas lorsque la sieste est effectuée en début d'après-midi, mais seulement au cours d'une sieste tardive ; ce qui correspond bien au fait que, normalement, le sommeil paradoxal s'installe tardivement. Lorsqu'il y a décalage de phase et que le sommeil paradoxal tend à avancer par rapport au sommeil lent, on devrait donc observer des stades de sommeil paradoxal au cours des siestes de début d'après-midi. En fait, ces études demeurent rares, car on imagine aisément les difficultés pratiques liées à la nécessité de procéder à un enregistrement électro-encéphalographique continu. On ne peut donc que rester prudent avant de généraliser les résultats obtenus. Sous réserve des vérifications nécessaires, lorsque les indicateurs de temps se trouvent brusquement modifiés (soit au cours d'expériences d'isolation, soit spontanément en raison d'un décalage horaire), tout se passe comme si le régulateur faible obéissait assez rapidement à ces indicateurs, et que, progressivement, ce régulateur faible entraînait le régulateur fort.

Si une partie au moins des anomalies observées sur le sommeil paradoxal dépend d'une avance de phase du rythme, on peut supposer que cela tient à une avance de phase du régulateur fort. Dans ce cas, on devrait observer la même avance des autres rythmes liés à ce synchroniseur. Curieusement, il existe très peu de travaux sur le rythme circadien de la température chez les déprimés, alors que son étude nécessite des mesures beaucoup plus faciles à pratiquer que celles du sommeil. Cela tient au fait qu'en raison des effets d'interférence et de masquage signalés plus haut, il est nécessaire de prendre des précautions extrêmes pour limiter ces effets. Quoi qu'il en soit, il semble bien que le rythme de la température soit également avancé chez le déprimé. D'autres travaux montrent une courbe bimodale qui pourrait s'expliquer par l'hypothermie induite par le sommeil lent. De même, le taux de cortisol, hormone de la corticosurrénale, dont le rythme dépend du même synchroniseur, verrait son cycle avancé, mais, ici encore, les phénomènes de masquage gênent l'observation.

En admettant que les observations futures confirment ces données, il convient de s'interroger sur la nature du lien existant entre la dépression et l'anomalie des rythmes liés au synchroniseur fort. Le fait que nous observions une corrélation entre les deux séries de variables n'autorise pas à établir un lien de causalité direct de l'un à l'autre. Est-ce l'état dépressif qui crée l'anomalie du synchroniseur ou cette dernière qui serait responsable de l'état dépressif ? On peut aussi supposer que les deux variables dépendent d'un facteur unique, mais différent d'elles.

Un certain nombre de faits indiquent que l'anomalie du synchroniseur agit directement sur la dépression. On peut envisager une situation dans laquelle, en imposant artificiellement une avance de phase au synchroniseur fort, on provoquerait un état dépressif. Outre les objections d'ordre éthique, il faut souligner les difficultés que l'on rencontre lorsqu'on cherche à altérer ce synchroniseur qui est, nous l'avons vu, modifié sous l'influence de l'autre synchroniseur. On procède donc de manière différente. On peut supposer que le déprimé se sentira mieux si on respecte l'avance de phase. Il semble en effet que lorsqu'on avance très sensiblement (de 8 heures !) l'heure de son coucher, l'état du déprimé s'améliore. On crée en somme un *jet lag* artificiel. Mais l'amélioration n'est que passagère et la rechute survient après quinze jours. Ce type d'expérience est très malaisé. Si on laisse le déprimé dans son milieu naturel, les indicateurs de temps agissent contre l'endormissement précoce et on conçoit qu'il soit difficile de placer les malades dans une situation d'isolation. On a tenté, sous enregistrement électro-encéphalographique, de pratiquer une privation de sommeil paradoxal en réveillant le patient chaque fois que les signes électriques et oculaires de ce sommeil paradoxal apparaissent. On observe alors une amélioration nette de l'état dépressif, mais les résultats sont malheureusement temporaires. En fait, ces essais, qui n'ont jusqu'à présent donné aucun bénéfice pratique, ont surtout pour intérêt de confirmer l'hypothèse qu'en agissant sur le sommeil, on influence la dépression.

De manière complémentaire, on s'est demandé si les médicaments antidépresseurs agissent sur les perturbations circadiennes. Effectivement, ils ont une action sur le temps de latence de survenue de la première période de sommeil paradoxal, et diminuent la fréquence des mouvements oculaires rapides. On peut donc supposer que ce n'est pas la dépression qui agit sur le trouble circadien, mais que ce dernier contribue à la réalisation de l'état dépressif, ou du moins en est le témoin.

Il était également intéressant de se demander quels sont les mécanismes qui assurent la régulation du sommeil rapide et de voir si ces mécanismes sont altérés dans les dépressions. De nombreux travaux ont essayé de répondre à la première question[1]. On avait observé qu'en administrant des médicaments ayant un effet cholinergique, on pouvait observer des signes mineurs de dépression : sentiment de fatigue durant la journée et insomnie. On appelle effet cholinergique un effet produit sur l'ensemble du système nerveux et qui est identique à celui de l'acétylcholine, amine qui agit comme un médiateur entre certains ensembles neuronaux. Ces effets sont encore plus nets lorsqu'il s'agit de personnes déjà déprimées. Par ailleurs, chez des volontaires sains, on a remarqué que l'action de ces cholino-mimétiques entraînent un raccourcissement du délai d'apparition de la première phase de sommeil paradoxal. Parallèlement, des expérimentations sur l'animal ont montré que lorsqu'on injecte directement de l'acétylcholine dans la formation réticulaire du tronc cérébral, plus précisément dans la région pontique, on observe une baisse du temps de latence du sommeil paradoxal et une augmentation de fréquence des mouvements oculaires rapides. Or, précisément, les neurones de cette formation utilisent l'acétylcholine comme médiateur permettant la transmission de l'influx d'un neurone à l'autre. Il semble donc que l'induction du sommeil paradoxal soit facilitée par l'activation de neurones cholinergiques issus de la

1. R. W. Mc-Carley-Rem, « Sleep and Depression : common neurobiological central mechanisms », *Am. J. Psychiatry*, 139-5, 565-570, mai 1982.

zone réticulaire pontique. A l'inverse, un certain nombre de travaux montrent que les cellules du locus coeruleus et celles du raphé dorsal (dont on verra qu'ils représentent respectivement des systèmes à médiation noradrénergique et sérotoninergique) ont le plus haut taux de décharge lors de l'état de veille et deviennent virtuellement silencieux quand survient le sommeil paradoxal. Il semble donc exister une relation inverse entre l'activité de ces centres et celle de la zone réticulée du pont. D'où l'hypothèse d'une interaction réciproque entre les centres à médiation noradrénergique et sérotoninergique d'une part, et la formation réticulée pontique à médiation cholinergique. Les premiers exerceraient une action inhibitrice sur le sommeil paradoxal, la seconde une action excitatrice.

Comme toujours devant ce type de données, deux réserves s'imposent : vérifier que les expériences sont suffisamment reproductibles pour s'assurer du fait ; tenir compte de toute donnée contradictoire ou suggérant une hypothèse différente, nous montrant que la réalité physiologique est probablement plus complexe que ne le suggère ce schéma.

De toute façon, ce dernier n'explique pas tout. Il nous renseigne sur le mécanisme de production du sommeil paradoxal et, fait important, nous montre que ce mécanisme n'est pas sans rapport avec des structures nerveuses probablement impliquées dans la production de l'état dépressif. Resterait, pour tenir compte de l'hypothèse d'un trouble du synchroniseur, à préciser par quels mécanismes cette synchronisation, dont on connaît encore très mal les bases neurophysiologiques, agirait sur les centres qui interviennent dans la production du sommeil paradoxal.

En outre, il ne semble pas que cette théorie rende compte de toutes les anomalies du sommeil observées dans la dépression. Elle n'explique pas les troubles du sommeil lent, ni l'effet thérapeutique observé après privation de sommeil totale, ni pourquoi certains déprimés sont hypersomniaques. Surtout, on ne saurait en déduire qu'elle suffit à expliquer la production de l'état dépressif ni, encore moins, en tirer parti pour réduire l'explication du phénomène dépressif à une anomalie biologique élémentaire. Elle suggère simplement qu'il existe une relation, et non une coïncidence aléatoire, entre l'état dépressif et une perturbation des rythmes biologiques circadiens. Le fait que, dans l'ensemble, les anomalies du sommeil sont plus fréquemment et plus nettement observées dans les dépressions bipolaires ou unipolaires, donne à penser que l'anomalie des rythmes circadiens est liée à un facteur endogène. Pour progresser dans ce domaine, il conviendra sans doute de développer des méthodes d'analyse du sommeil plus sûres et d'application pratique plus simple, qui permettront d'avoir une connaissance plus précise de la régularité des phénomènes observés et de l'ampleur des variations individuelles. Il sera aussi nécessaire de mieux corréler le phénomène et ses variations avec d'autres indices biologiques, en particulier avec les médiateurs chimiques et les structures physiologiques. Il sera enfin souhaitable de vérifier quelles sont les anomalies des conduites qui, au sein de l'état dépressif, semblent dépendre de ce facteur endogène.

Le risque génétique[1]

L'existence, désormais indiscutable, d'un facteur héréditaire à l'origine de la dépression renforce la théorie de l'endogénéité. Le fait que, dans certaines familles, le risque de survenue d'un accès dépressif soit plus grand, confirme en effet qu'indépendamment des événements de l'existence et de l'histoire individuelle, il existe un terrain prédisposant. Deux questions se trouvent immédiatement posées : la première est de savoir si cette prédisposition héréditaire permet d'individualiser des formes particulières de dépression – nous retrouvons ici le débat sur l'opposition entre formes endogènes et exogènes ; la seconde est de savoir comment agit ce facteur héréditaire.

Les travaux qui ont le mieux démontré le rôle de l'hérédité ont porté sur les formes bipolaires. Il ne faudrait pas en déduire trop hâtivement que ces formes dépendent plus étroitement d'un facteur génétique que les autres. Mais elles sont plus aisément identifiables. Or ces travaux nécessitent toujours une enquête sur des groupes familiaux et s'appuient donc sur des renseignements fournis par un ou quelques membres de ces familles sans

1. Cette partie de chapitre a été rédigée en collaboration avec Marion Leboyer.

que l'on puisse toujours examiner ou interroger directement les autres. Il s'agit donc en partie d'informations indirectes. Elles portent aussi sur des personnes décédées ou des parents lointains. En outre, pour un sujet dont l'état dépressif est authentifié et qui sert d'index (ou *proband*), il s'agit de rechercher les personnes apparentées qui, à un moment ou à un autre, ont présenté un état pathologique. Or, il est toujours difficile de préciser s'il a existé un état dépressif, alors qu'il est beaucoup plus aisé de repérer un état maniaque. En se limitant à l'étude de cas où ont été constatés des accès dépressifs *et* maniaques, on s'impose une condition restrictive qui rend encore plus nette l'administration de la preuve. Le risque ne consiste pas, en effet, à pécher par excès (une coïncidence aléatoire d'accès dépressifs liés à d'autres causes chez des personnes apparentées) mais plutôt à se priver d'arguments favorables à l'hypothèse.

Le principal argument en faveur de l'héritabilité repose sur l'étude du risque familial lié à la proximité génétique. Sachant que les enfants héritent pour moitié du patrimoine génétique de chacun des deux parents, c'est-à-dire d'un stock de chromosomes dont moitié provient du père et moitié de la mère, il est évident que la plus grande proximité génétique est réalisée quand deux jumeaux vrais, monozygotes, reçoivent les mêmes chromosomes de chacun des parents. La proximité génétique est encore très grande entre frères et sœurs, ou entre faux jumeaux, dizygotes, qui ont hérité de moitiés différentes des chromosomes parentaux. Elle est également forte entre parents et enfants. La distance génétique est plus grande pour les oncles et tantes, les neveux et nièces, et les cousins. La distance est extrême dans la population générale entre deux personnes non apparentées. On connaît le risque de morbidité [1] pour la population générale. Il est d'environ 1 %. Il s'agit donc de vérifier si le risque est plus grand chez des sujets apparentés et d'autant plus grand que la parenté est plus proche. En effet, toutes les études [2] portant sur des familles dont un des membres, le cas index ou *proband*, présente une forme bipolaire de maladie maniaco-dépressive, montrent que chez les ascendants et les frères et sœurs, le risque est de 10 à 20 %. Les chiffres varient d'une étude à l'autre, mais sont toujours très significativement supérieurs à la moyenne générale. Pour les autres types de parenté, le risque décroît progressivement en fonction de l'éloignement génétique. Ces conclusions appellent toutefois deux remarques. La première est que la fréquence varie sensiblement d'une famille à l'autre : les chiffres présentés ici ne représentent qu'une simple moyenne. La seconde est que ce type d'étude ne permet pas d'écarter l'hypothèse d'une influence

1. Rappelons que le risque de morbidité définit le risque qu'un sujet présente les signes de la maladie durant toute sa vie, ou la période de sa vie durant laquelle la maladie peut survenir.

2. J. Mendlewicz, *L'étiologie génétique des psychoses dysthymiques*, Paris, Masson, 1978.

J. I. Nurnberger, E. S. Gershon, « Genetics » in *Handbook of Affective Disorders*, Paykel Edit., *op. cit.*

P. Roubertoux, « L'étiologie des dépressions. Apport de l'analyse génétique », *Sem. Hôp. Paris*, 1981, 57e année, n°s 15-16, 768-773.

sociale de l'environnement et du rôle de l'éducation : la proximité génétique coïncide en effet généralement avec une proximité d'environnement.

Pour répondre à cette dernière objection, nous disposons de deux méthodes. La première consiste à comparer le risque de morbidité entre vrais jumeaux (monozygotes), qui ont un patrimoine génétique identique, et faux jumeaux (dizygotes) dont le patrimoine est différent au même titre que n'importe quels frères et sœurs. On suppose que les facteurs liés à l'environnement social et à l'éducation sont identiques pour les deux catégories, vrais et faux jumeaux étant élevés de la même manière et partageant la même forme de vie. Or les différences de risques sont extrêmement nettes d'un groupe à l'autre. Lorsque l'un des vrais jumeaux présente une maladie maniaco-dépressive, le risque de morbidité chez le second est de 50 % à 100 % selon les études, alors qu'il se situe entre 15 et 25 % pour les faux jumeaux. On notera toutefois que si la maladie dépendait uniquement de l'hérédité, le risque chez les vrais jumeaux devrait être toujours de 100 %. Ceci confirme donc que le facteur héréditaire ne suffit pas à expliquer la maladie et qu'il s'agit seulement d'un facteur de prédisposition, d'une fragilité de terrain. D'autres facteurs doivent être pris en considération pour expliquer la survenue de la maladie. Une autre hypothèse serait que la pénétrance du gène varie, c'est-à-dire la capacité de l'anomalie génétique à réaliser la maladie.

Pour différencier facteur génétique et facteurs de milieu, une seconde méthode consiste à opérer une comparaison chez des parents d'enfants adoptés. On observe, pour un sujet adopté atteint, que le risque est plus grand chez les parents biologiques (30 % environ) que chez les parents d'adoption (12 %). Ce second chiffre, très supérieur à la moyenne générale, montre d'ailleurs l'importance des facteurs de l'environnement et des conditions de vie [1]. Il faut ajouter que, pour des raisons pratiques évidentes, ce type de recherche est difficile à mener et que les chiffres portent toujours sur de petits nombres de cas, ce qui rend leur interprétation plus douteuse. Les mêmes résultats se retrouvent néanmoins lorsqu'on part d'un parent maniaco-dépressif : le risque est sensiblement plus grand chez l'enfant adopté lorsqu'il s'agit d'un parent biologique que lorsqu'il s'agit d'un parent adoptif.

Ainsi, parmi les facteurs participant à l'étiopathogénie des troubles de l'humeur, le rôle de facteurs de susceptibilité génétique paraît désormais bien établi. Cependant, les données issues des études de familles, de jumeaux et d'adoption ont également montré la complexité de déterminisme de ces pathologies dans lesquelles interviennent à la fois facteurs génétiques et environnementaux. De fait, les études cherchant à préciser le mode de transmission génétique de la maladie (analyse de ségrégation) n'ont pas permis de mettre en évidence la responsabilité d'un seul gène, mais elles

1. On doit en effet observer que de nombreux enfants adoptés ont connu au cours des premiers mois ou des premières années de leur existence des situations éprouvantes. La différence entre les deux groupes est toutefois significative.

n'ont pu exclure la possibilité qu'un gène majeur agisse en présence d'effets polygéniques et/ou environnementaux.

C'est dans ce contexte que les progrès réalisés dans le domaine de la biologie moléculaire ont suscité l'espoir d'identifier les facteurs de susceptibilité génétique en cause dans les maladies à déterminisme complexe comme les troubles de l'humeur. Cette nouvelle voie de recherche permet donc d'envisager de nouveaux progrès dans la compréhension des mécanismes en cause, ce qui devrait permettre de mieux adapter les traitements psychotropes. Elle repose sur l'étude d'une nouvelle classe de marqueurs génétiques, les polymorphismes de longueur des fragments de restrictions (ou RFLP, abréviation de l'anglais Restriction Fragment Length Polymorphism). Sous ce sigle compliqué, on désigne des variations individuelles de la séquence d'ADN révélées par des modifications de la taille des fragments d'ADN coupés par des enzymes dites de restriction. C'est cette variation de taille qui constitue le marqueur dont on étudie l'association ou la coségrégation avec la maladie. Les polymorphismes étudiés peuvent être soit ceux d'un gène connu dont la fonction est bien déterminée et dont le produit de synthèse est probablement impliqué dans le mécanisme de la maladie (gène candidat), soit ceux correspondant à une sonde dont on a identifié l'emplacement sur le génome, mais qui ne sont pas des gènes connus (sondes anonymes). Ces nouvelles techniques de biologie moléculaire, en fournissant un grand nombre de marqueurs génétiques polymorphes qui couvrent l'ensemble du génome, ont donné un élan formidable aux recherches en génétique.

Ces marqueurs génétiques peuvent être utilisés dans deux types d'études : d'une part des études d'association, où l'on cherche à mettre en évidence une éventuelle augmentation de la fréquence d'un polymorphisme donné chez les malades comparés à une population de témoins ; d'autre part des études de liaison génétique, où l'on cherche à démontrer l'existence d'une coségrégation de génération en génération d'un polymorphisme donné et du trait maladie dans des familles dont plusieurs membres présentent la pathologie analysée. Si tel est le cas, il y a liaison génétique, ce qui signifie qu'il existe au moins un facteur de susceptibilité génétique prédisposant à la maladie et qu'il est situé sur le même chromosome et à proximité du marqueur génétique étudié.

L'étude de nouveaux marqueurs génétiques a d'ores et déjà permis de mettre en évidence deux pistes dans la recherche de facteurs de susceptibilité génétique de la maladie maniaco-dépressive, celle d'une liaison à l'extrémité du bras long du chromosome X et celle d'une liaison sur le bras court du chromosome 11. Historiquement, la liaison au chromosome X est la plus ancienne puisqu'elle a été évoquée il y a une cinquantaine d'années pour expliquer, d'une part la plus grande fréquence de troubles de l'humeur chez les femmes que chez les hommes, et d'autre part le relativement faible nombre de familles où il existe une transmission de la maladie de père en fils. Dès les années 1970, la présence de facteurs de susceptibilité génétique à l'extrémité du bras long du chromosome X a été mise en évidence au cours d'études de liaison génétique utilisant des marqueurs génétiques « classiques » comme le daltonisme ou le déficit en une protéine, la Glucose-6-phosphate-deshydrogénase, puis avec un polymorphisme de l'ADN codant pour le facteur IX de la coagulation. Cependant, l'existence de cette liaison n'a pas toujours été répliquée sur de nouveaux échantillons, ce qui suggère que si un facteur de susceptibilité génétique lié à l'X jouait un rôle dans le déterminisme de la maladie, il ne serait présent que dans un sous-groupe de malades maniaco-dépressifs.

Par ailleurs, en 1987, une autre liaison génétique entre maladie maniaco-dépressive et bras court du chromosome 11 était mise en évidence dans une très grande famille identifiée au sein de la population Amish, isolat socio-démographique du nord des États-Unis. Ce résultat a suscité un grand enthousiasme car les deux marqueurs génétiques ayant révélé la liaison génétique (polymorphismes de l'oncogénèse Harvey-ras et du gène de l'insuline) sont situés à proximité du gène qui code pour l'enzyme tyrosine hydroxylase (TH). Cette enzyme régule l'étape limitante de la synthèse des catécholamines qui interviennent, selon de nombreuses données biologiques et pharmacologiques, dans l'étiopathogénie de la dépression. Néanmoins, depuis 1987, aucune étude répliquant ce résultat n'a été publiée. Pour aller plus loin dans la compréhension du rôle éventuel joué par le gène de la tyrosine hydroxylase, notre équipe de recherche, en la personne de Marion Leboyer, a participé à une étude d'association comparant la fréquence des polymorphismes de ce gène dans une population de malades maniaco-dépressifs et de témoins, appariés pour le lieu de naissance [1]. Nous avons pu ainsi montrer qu'un des polymorphismes du gène codant pour la tyrosine hydroxylase est significativement plus souvent associé à la maladie maniaco-dépressive (26 %) que chez les témoins (10 %). Cette différence, significative mais relativement faible, pourrait signifier que le gène de la tyrosine hydroxylase est l'un des facteurs de susceptibilité génétique intervenant dans l'étiopathogénie de la maladie. L'ensemble de ces résultats conforte donc bien la théorie polygénique de la transmission du risque dépressif. Plusieurs gènes situés sur plusieurs chromosomes, dont le chromosome X, joueraient un rôle dans cette transmission.

On s'oriente donc vers une théorie polygénique de la transmission du risque dépressif. Plusieurs gènes, situés sur plusieurs chromosomes, dont le chromosome X, joueraient un rôle dans cette

1. M. Leboyer, A. Malafosse, S. Boularan, D. Campion, F. Gheysen, D. Samolyk, B. Hendriksson, E. Denise, A. des Lauriers, J. P. Lepine, E. Zarifian, F. Clerget-Darpoux, J. Mallet, « A tyrosine hydroxylase polymorphism reveals an association with manic-depressive illness », *Lancet*, 19 mai 1990, 335 : 1219.

R. Meloni, M. Leboyer, F. Bellivier, B. Barbe, D. Samolyk, J. F. Allilaire, J. Mallet, « Association of manic depressive illness with tyrosine hydroxylase microsatellite marker », *Lancet*, avril 1995.

transmission. La question demeure de savoir s'il suffit d'une seule anomalie pour créer le risque ou s'il est nécessaire que deux ou plusieurs anomalies de gènes différents se réalisent pour que le risque apparaisse.

Si le principe d'un facteur héréditaire est définitivement acquis pour les formes bipolaires, nous avons vu que l'imprécision des critères et le flou des classifications rendent difficiles des recherches précises dans les dépressions qui ne sont pas associées à des accès maniaques. Les études de risque familial (proximité génétique) montrent toutefois un plus grand risque chez des parents proches que dans la population générale. Un fait intéressant à noter est que si, pour un sujet index présentant une forme bipolaire, on retrouve chez ses proches un nombre sensiblement égal de formes bipolaires et unipolaires ; pour un sujet index présentant une forme unipolaire, le pourcentage de formes bipolaires chez les proches parents est très faible (0,5 %), alors que celui de formes unipolaires est significativement plus élevé que dans la population générale (6 %).

L'unicité ou l'hétérogénéité du cadre des dépressions face au risque génétique demeure une question très controversée. Certains voient dans la diversité de la transmission génétique la preuve de l'hétérogénéité et ils ont proposé des classifications à partir de critères génétiques. Winokur a proposé de subdiviser les dépressions monopolaires en deux groupes : le spectre de la maladie dépressive *(dépression spectrum disease)* qui débute précocement, plus fréquent chez la femme (et qui s'observe dans des familles où existe des antécédents d'alcoolisme et de désordres psychopathiques), et la maladie dépressive proprement dite *(pure depressive disease), plus* fréquente chez les hommes et à début tardif. Il est évident que plus les critères retenus pour définir les sujets index sont larges, et plus on retient un grand nombre d'états psychopathologiques associés, plus les associations familiales deviennent fréquentes, mais la preuve d'un facteur génétique devient alors très difficile à apporter. Aussi, jusqu'à preuve d'arguments contraires décisifs, il est permis de penser que le risque génétique, qui tient probablement à plusieurs gènes, s'applique à l'ensemble des dépressions en association avec d'autres facteurs de risque.

On peut imaginer que les différents facteurs de risque, indépendants les uns des autres, pèsent d'un poids différent dans chaque cas de dépression. En simplifiant à l'extrême, et en se limitant à l'opposition entre rôle des événements et rôle de l'hérédité, on peut concevoir des cas où les premiers interviennent seuls, et, à l'opposé, des cas où le risque héréditaire est tel que la dépression survient en l'absence de tout facteur psychologique ou social. Ce que nous appelons dépression endogène, et tout particulièrement ses formes bipolaires, correspondrait à ce deuxième groupe, dans lequel la preuve d'un facteur héréditaire est aisée à apporter. Mais entre ces deux extrêmes, la plupart de cas de dépression dépendraient d'un mélange de facteurs héréditaires et acquis ; ce qui expliquerait pourquoi les données observées dans les études génétiques ne sont jamais compatibles avec les seules lois de l'hérédité. Il est également possible d'imaginer que le risque génétique amplifie l'intensité de la réponse dépressive ou assure sa permanence au-delà d'une réaction dépressive mineure, voire d'une réaction émotionnelle normale.

La nature intime de la transmission génétique demeure également sans réponse. Nous savons que les gènes produisent des substances chimiques spécialisées qui entrent dans une chaîne complexe de réactions dont l'effet terminal est le caractère morphologique ou biochimique observé. Nous ignorons tout de la chaîne ou des chaînes en cause dans la dépression. Nous ne savons même pas sur quel trait ou sur quel ensemble de traits du comportement porte cette transmission chimique, partie des gènes. Cette action des gènes porte-t-elle sur la sensibilité à la douleur morale, sur le ralentissement moteur ou idéique, sur les rythmes du sommeil ? etc. Entre l'anomalie génétique et le comportement, il y a un maillon possible mais dont nous ignorons tout : c'est celui des bases biochimiques de la réalisation du comportement.

L'hérédité de l'action

Mais, par-delà nos connaissances et nos ignorances actuelles, l'existence d'un facteur héréditaire nous incite à quelques réflexions plus générales sur l'articulation entre la psychologie de l'action humaine et l'hérédité du comportement [1]. Le principe même d'un facteur héréditaire dans le déterminisme de la maladie dépressive ne devrait pas nous surprendre. Si nous considérons en effet la réponse dépressive comme une potentialité universelle de l'agir humain, il faut bien admettre que, d'une manière ou d'une autre, chaque homme transmet à ses descendants cette potentialité, ou du moins une disposition encore plus fondamentale qui fait de cette potentialité une constante de l'espèce. Bien entendu, ce principe ne peut être appliqué qu'avec mesure. Il ne s'agit pas de postuler que toute modalité de l'agir humain est sous la dépendance d'un gène, ni, en caricaturant quelque peu cette thèse, de rechercher le gène qui commande le reproche contre soi-même ou celui qui gouverne l'identification à autrui. Dans un tout autre domaine, ce serait admettre qu'un gène gouverne l'usage de l'imparfait du subjonctif et qu'un autre régule celui du plus-que-parfait ! On réduirait ainsi l'extrême diversité des actions humaines à un ensemble de conduites isolées et on nierait l'existence de structures au profit d'une simple mosaïque. Un tel modèle pourrait à la rigueur s'appliquer à des organismes simples dont le comportement peut se décomposer en une combinatoire de conduites élémentaires. Encore peut-on douter que, chez ces organismes, n'existent pas de structures élémentaires qui confèrent à ces conduites un sens par

1. Pour plus de précision, on pourra se référer à J. Ruffié, *Traité du vivant*, Paris, Fayard, 1982.

rapport à une organisation plus générale du comportement.

Pour éviter un tel réductionnisme, on peut, à l'inverse, concéder à l'hérédité des propriétés très générales comme l'aptitude à apprendre une langue. On retrouverait ici la thèse behavioriste selon laquelle l'enfant hériterait de trois émotions fondamentales, la peur, la colère et le plaisir, et que toutes les différenciations de la vie affective relèveraient de mécanismes d'apprentissage acquis. Mais l'éthologie du comportement animal nous montre que les mécanismes innés sont beaucoup plus différenciés. Une jeune mouette qui, face au danger, revient au nid et une autre qui, habitant sur un rocher escarpé, explore immédiatement l'environnement proche, ne peuvent avoir appris cette réponse de défense propre à leur espèce différente, et nous devons admettre que les montages héréditaires leur confèrent cette propriété du comportement qui définit le patrimoine de l'espèce au même titre que la couleur du cou ou la longueur du bec.

Chez le nourrisson humain, la conduite du fouissement dans le sein maternel, la poursuite du regard qui suit le visage de la mère, ou le sourire, semblent bien appartenir à des mécanismes innés de grande fixité. L'apathie du nourrisson séparé brutalement de sa mère peut être considéré lui aussi comme un schème inné. Mais comment retrouver plus tard chez l'homme des aptitudes singulières qui correspondraient à des programmes innés de comportement ? On est conduit à supposer, avec Chomsky, que l'universalité du langage ne tient pas à une simple capacité d'apprentissage, mais que certaines structures génératrices de combinaisons phonématiques, syntaxiques et sémantiques constituent des schèmes innés propres à l'homme et assurent le développement des systèmes symboliques. Ce qui frappe chez l'homme, c'est le caractère ouvert de ces schèmes innés, c'est-à-dire leur capacité de se développer en systèmes extrêmement diversifiés. Cette souplesse favorise des transformations de fonction, conférant en particulier une valeur de communication sociale à des actions qui en étaient dépourvues au départ. C'est cette plasticité qui joue un rôle décisif dans l'articulation du patrimoine héréditaire (le génotype) avec le comportement individuel (le phénotype). On peut parler avec Karli [1] de « variations plus ou moins sophistiquées sur des thèmes fondamentaux qui, eux, sont génétiquement programmés ».

L'étude de certains comportements dans d'autres espèces animales, en particulier chez les primates, va nous montrer des prototypes de comportement dépressif. On peut y voir un équivalent de ce que serait chez l'homme une réponse émotionnelle de base, génétiquement programmée, mais qui se différencierait au cours de l'individualisation en des formes étroitement articulées avec l'ensemble de la personnalité.

On pourra s'étonner que nous soyons si aisément passé de l'hérédité d'une maladie à celle

1. P. Karli, « Nécessité et difficulté de l'interdisciplinarité en psychologie », *Revue de Psychologie appliquée*, 31, n° 2, pp. 79-96.

d'une forme fondamentale de l'agir humain. Mais toute anomalie d'un gène implique que ce même gène assure normalement une fonction dans l'organisation du vivant. Elle ne constitue qu'une déviance par rapport à une norme, ou du moins à un ensemble d'autres expressions du gène qui contribuent au développement de l'organisme. Le fait qu'une ou plusieurs anomalies génétiques contribuent à créer la dépression-maladie implique que les mêmes gènes contribuent normalement à la régulation d'une fonction dont la dépression-maladie ne constitue qu'une variante. Il est difficile d'imaginer que cette fonction soit un état normal d'humeur, un sentiment général de bien-être. Il est plus vraisemblable d'y voir une réponse dépressive normale, modérée et transitoire.

Le fait que l'on puisse si aisément montrer le rôle de l'hérédité dans la dépression suggère donc que l'agir dépressif constitue une réponse relativement fermée et peu différenciée de l'organisme humain. On ne peut en dire autant d'autres comportements pathologiques dont l'origine génétique est beaucoup moins évidente et qui constituent probablement des formes beaucoup plus différenciées du comportement.

Sommeil et hérédité permettent donc d'affirmer le rôle de facteurs endogènes. Ils en portent témoignage de manière sensiblement différente. Les troubles du sommeil constituent un indice biologique indépendant de l'expérience dépressive et reflètent donc l'existence d'un trouble qui, s'il n'est pas l'accompagnement ni la conséquence du « vécu » dépressif, ne peut être qu'un trouble primaire lié à un en-deçà de ce vécu, c'est-à-dire une prédisposition de terrain. L'existence d'un facteur héréditaire soulève des questions d'ordre plus général, car si elle renforce l'idée d'une prédisposition, elle implique aussi celle de la transmission héréditaire d'un comportement normal. C'est la finalité de l'agir dépressif qui se trouve ainsi posée.

Une des conséquences d'ordre pratique de ces réflexions sur le rôle de l'hérédité conduit à considérer avec beaucoup de prudence toute conclusion que l'on pourrait en dégager dans le domaine du conseil génétique. Le fait qu'il s'agisse d'un risque parmi d'autres, la fréquence des réactions dépressives qui doivent être traitées médicalement et l'efficacité des antidépresseurs doivent faire écarter toute prescription intempestive, sauf peut-être dans les cas où l'héritage d'une forme bipolaire grave dans deux familles laisse craindre un risque important.

De toute façon, l'existence d'un risque génétique ne peut être considéré comme une tare, elle témoigne vraisemblablement de l'ampleur excessive d'une réponse potentielle qui constituerait une forme normale de comportement.

VI

L'état dépressif et le cerveau

Les connaissances précises mais encore très limitées dont nous disposons dans le domaine des mécanismes cérébraux de la dépression ne remontent guère à plus de trente ans. Trente années marquées par des progrès constants, mais qui nous font mesurer de mieux en mieux la complexité de ces mécanismes. Jusqu'à la fin des années cinquante, nous disposions de connaissances éparses qui faisaient pressentir que les dérèglements pathologiques de l'humeur [1] étaient sous-tendus par des altérations touchant à des structures nerveuses situées à la base du cerveau, dans la région anatomiquement très complexe du mésencéphale, le tronc cérébral médian qui prolonge à l'intérieur du crâne l'axe de la moelle épinière et se divise pour rejoindre des centres situés dans la profondeur de chaque hémisphère cérébral. Ces centres de la base comprennent d'une part des éléments médians situés sous le troisième ventricule (région hypothalamique) et, d'autre part, des éléments

1. J. Delay, *Les dérèglements de l'humeur*, Paris, Presses Universitaires de France, 1946.

plus latéraux, enfouis dans les lobes temporaux qui appartiennent au système limbique. Des expériences de destruction et d'excitation de ces centres chez l'animal avaient montré que ces structures jouent un rôle important dans la régulation des émotions et dans celle des fonctions vitales élémentaires (faim, soif, conduites agressives et sexuelles, etc.).

Des thérapeutiques actives

Ce sont principalement les progrès accomplis dans le traitement des dépressions et dans l'étude des mécanismes chimiques du fonctionnement du système nerveux qui ont permis le développement des recherches contemporaines. Fait d'autant plus intéressant que les découvertes thérapeutiques ont résulté de démarches purement empiriques, sans aucun lien avec les théories et connaissances existantes.

La première découverte, celle de la thérapie électroconvulsive (communément et improprement dénommée électrochoc), est due à une théorie erronée. Dans les années vingt, nombreux étaient ceux qui pensaient qu'il existe un antagonisme entre la schizophrénie et l'épilepsie. De là s'était dégagée l'hypothèse selon laquelle, en provoquant artificiellement des crises d'épilepsie, on pourrait traiter la schizophrénie. On tenta tout d'abord de provoquer les crises par des agents chimiques (camphre, cardiazol). Deux psychiatres italiens, Cerletti et Bini (1937), eurent l'idée de recourir à la stimulation électrique. Cette thérapeutique se révéla partiellement efficace, mais on s'aperçut bientôt qu'elle était remarquablement active dans les formes dépressives et, plus généralement, dans toutes les dépressions, en dehors des états schizophréniques. Les conséquences pratiques furent considérables : le pronostic de l'accès dépressif, en particulier dans ses formes mélancoliques graves, fut radicalement transformé ; la guérison était assurée dans 70 à 80 % des cas. D'autant mieux qu'assez rapidement, la convulsivo-thérapie fut administrée sous anesthésie générale et sous curare, afin de supprimer l'effet pénible de l'initiation de la crise et des contractions musculaires qui pouvaient être cause de fracture osseuse. La crise épileptique se trouvait réduite à son expression centrale, le phénomène d'hypersynchronie de l'activité nerveuse électrique des cellules nerveuses.

D'un point de vue théorique, il est vrai, la connaissance du mode d'action ne devait être apportée qu'après l'étude des médications chimiques ultérieures. Mais le fait que le traitement était efficace sur toutes les formes de dépression, y compris celles, dites névrotiques et réactionnelles, dans lesquelles l'origine psychique était indéniable, démontrait l'unicité du syndrome dépressif. Bien plus, on disposait là d'un véritable test thérapeutique permettant, dans les formes mineures, d'attester la nature dépressive du trouble, le traitement devenant un outil pour analyser le phénomène (J. Delay).

Il fallut attendre une quinzaine d'années pour

que le hasard permette la découverte de médicaments antidépresseurs puissants qui sont venus compléter l'arsenal thérapeutique sans pour autant supprimer complètement l'usage de l'électro-convulsivo-thérapie, réservée désormais aux formes graves et aux cas où une fragilité particulière de l'organisme contre-indique l'usage des médicaments. Au même moment, au milieu des années cinquante, l'étude de médicaments nouveaux, appliqués à des pathologies sans aucun rapport avec la dépression, fit découvrir leurs propriétés antidépressives. Un nouveau médicament, étudié pour ses propriétés antituberculeuses, l'iproniazide, se révéla doté de vertus euphorisantes, surtout chez les malades tuberculeux déprimés. Il fut rapidement appliqué avec succès à des dépressions sans atteinte tuberculeuse (Kline, 1958). De même, l'étude de nouveaux médicaments antiallergiques fit découvrir l'imipranine, produit voisin d'un psychotrope déjà connu, la phénothiazine (commercialisée sous le nom de Largactil), qui ne tarda pas à se révéler un puissant antidépresseur.

De ces deux produits initiaux devaient naître deux grandes familles d'antidépresseurs. La première, issue de l'iproniazide, est individualisée surtout par ses propriétés chimiques. Il existe en effet dans de nombreux tissus de l'organisme une enzyme qui détruit certaines substances chimiques, les monoamines. A cette classe appartiennent en particulier l'adrénaline, la noradrénaline (qui diffère de la précédente par l'organisation spatiale de sa molécule) et la dopamine, groupe de monoamines appelées catécholamines (associant un noyau catéchol et une chaîne aminée), et, d'autre part, la sérotonine, monoamine appartenant au groupe des indolamines (du fait de la présence d'un noyau indolique). Or, tous les médicaments antidépresseurs de ce groupe ont pour caractéristique d'inhiber l'action de cette enzyme, la monoamine oxydase, qui contribue à la dégradation dans l'organisme de ces monoamines ; d'où leur nom générique d'inhibiteurs de la monoamine oxydase (I.M.A.O.). Ces médicaments sont encore largement utilisés, surtout dans les pays anglo-saxons. Actifs et bien tolérés, ils ont pour inconvénient de causer parfois des accidents de la régulation de la pression artérielle et, surtout, d'être incompatibles avec certains aliments et de nombreux autres médicaments, ce qui complique leur prescription.

La seconde famille, issue de l'imipramine, se définit par sa structure chimique – d'où le nom générique de tricycliques – et par un ensemble d'effets pharmacologiques identiques. Ces produits sont toujours très largement utilisés, car, en dépit d'effets secondaires indésirables (voisins de ceux de l'atropine), ils sont dans l'ensemble très bien tolérés.

L'action des inhibiteurs de la monoamine oxydase n'a pas manqué de suggérer que leur effet antidépresseur était en rapport avec cette propriété. Puisque les I.M.A.O. empêchent l'action de la monoamine oxydase et que cette enzyme dégrade normalement les monoamines, on pouvait supposer que les monoamines présentes dans le tissu cérébral sont en taux insuffisant chez les déprimés et que les I.M.A.O. agissent en freinant leur dégradation. Le fait troublant demeurait que les tricycliques dérivés de l'imipramine ne possèdent pas cette propriété inhibitrice de la monoamine oxydase. L'énigme fut levée quand on put montrer, sur des préparations nerveuses en laboratoire, que ces produits empêchent le recaptage de la noradrénaline et de la sérotonine dans les terminaisons nerveuses et maintiennent de ce fait un taux supérieur de ces amines dans les synapses qui relient entre elles ces terminaisons (Glowinski et Axelrod, 1964).

Ces données venaient étayer des observations concernant certains effets indésirables de médicaments antihypertenseurs. On savait en effet que certains d'entre eux sont susceptibles de provoquer des états dépressifs chez des patients prédisposés. Or, ces médicaments ont des effets opposés aux médicaments antidépresseurs. Le plus connu, la réserpine, provoque une déplétion des monoamines stockées dans les terminaisons des neurones : un autre, l'alpha-methyl dopa, empêche leur synthèse, agissant comme un « faux neurotransmetteur ». C'est à partir de cet ensemble de faits que fut établie l'hypothèse monoaminergique, selon laquelle la dépression serait due à un déficit de transmission synaptique par les amines. L'action des antidépresseurs serait due à une relance de cette activité. Cette théorie fut proposée simultanément par Schildkraut et Davis en 1964 pour la noradrénaline, et, peu après, par Coppen pour la sérotonine. Car ce qui vient en effet compliquer le problème, c'est que deux amines semblent jouer un rôle dans le mécanisme de la dépression et de son traitement : une catécholamine : la noradrénaline, et une indolamine : la sérotonine.

Monoamines et cerveau

Avant d'exposer plus en détail ces deux théories, il convient de rappeler ce que nous savons sur les mécanismes d'action de ces amines et de nombreuses autres substances dans le fonctionnement du système nerveux central[1]. Le système nerveux est en partie composé de cellules de forme très particulière, les neurones. Le corps cellulaire, où se situe le noyau, se prolonge par une terminaison très allongée, réalisant un véritable conduit de quelques millièmes de millimètres de diamètre. La longueur de certains neurones peut atteindre plus d'un mètre : c'est le cas des neurones moteurs, du système pyramidal, dont la cellule se trouve dans le cortex cérébral et la terminaison dans la moelle épinière. Le neurone a la propriété de transmettre une excitation grâce à un ensemble de phénomènes chimiques et électriques qui réalisent l'influx nerveux. Schématiquement, l'excitation parvient par des prolongements afférents, les dendrites, et, au-delà du corps cellulaire, parcourt un ou plusieurs prolonge-

1. Cf. Jean-Pierre Changeux, *L'homme neuronal*, Fayard, Paris, 1983.

ments efférents, les axones. Le système nerveux constitue donc une machinerie complexe dans laquelle environ 1012 neurones sont câblés les uns avec les autres ; des ensembles neuronaux constitués par un nombre variable de neurones, souvent plusieurs milliers, assurent la structure matérielle de ce câblage. L'influx nerveux passe d'un neurone à l'autre en traversant un espace organisé, la synapse, dans lequel se déroulent des phénomènes chimiques et parfois électriques, permettant la transmission de l'information d'un neurone à l'autre. Ces phénomènes sont de très courte durée, permettant à de nouvelles informations d'être à nouveau transmises. Les mécanismes chimiques au niveau des synapses sont un élément essentiel du fonctionnement du système nerveux. On le comprend aisément si l'on tient compte du fait que chaque neurone est connecté avec plusieurs milliers d'autres, relevant de voies différentes. On peut estimer à 1014 le nombre global des synapses présentes dans le cerveau humain.

Considérons maintenant les processus qui se déroulent au niveau d'une synapse. Celle-ci est constituée par la terminaison d'un neurone, la partie terminale d'un axone limitée par une membrane : c'est l'élément présynaptique. En face de lui se trouve la partie extrême d'un dendrite d'un second neurone, chargé de recevoir l'information venue du premier neurone : c'est l'élément postsynaptique. Entre les deux membranes pré et postsynaptiques se situe l'espace inter-neuronal ou synaptique, fente dans laquelle se déroulent les phénomènes chimiques qui assurent la transmission de l'information du secteur présynaptique au secteur postsynaptique. Pour chaque synapse, il existe une substance chimique qui assure cette transmission. Fabriquée dans le neurone présynaptique, elle est stockée au voisinage de chaque synapse. Lorsque l'influx arrive à cette extrémité, la substance chimique traverse la membrane et se répand dans la fente synaptique. Elle vient stimuler la membrane du second neurone, postsynaptique, et déclenche à l'intérieur de ce second neurone des transformations chimiques qui aboutissent à la mise en route d'un phénomène de transmission électro-chimique qui parcourt le second neurone pour aboutir à d'autres terminaisons synaptiques. Chaque neurone utilise ainsi un médiateur chimique[1] pour ses terminaisons axonales. On pourra donc définir chaque neurone et chaque ensemble neuronal par le médiateur chimique qu'il libère à ses terminaisons synaptiques. On conçoit que cette médiation chimique doit se dérouler dans un temps très bref : rapidement, la quantité présente dans la fente doit être dégradée et transformée en des produits inactifs qui sont éliminés dans les humeurs, le liquide céphalorachidien et le sang, ou synthétisés à nouveau dans le neurone (ce dernier mécanisme implique qu'une partie du médiateur et de ses dérivés soient réabsorbés par le neurone).

Tout en restant très schématique, il faut aussi

1. Plusieurs médiateurs interviennent au niveau de chaque synapse, mais ceci ne modifie pas fondamentalement l'analyse des mécanismes.

préciser la manière dont le médiateur chimique affecte la membrane postsynaptique. Il existe une affinité particulière entre le médiateur et cette membrane postsynaptique. Une partie de celle-ci est en effet composée de protéines qui constituent de véritables cibles spécifiques du médiateur sur lesquelles se fixe ce dernier pour donner naissance au phénomène chimique qui va mettre en route le développement de l'influx nerveux dans le second neurone. Ces protéines-cibles constituent les récepteurs postsynaptiques. Ajoutons que certains récepteurs existent également sur la membrane présynaptique. Ils assurent un mécanisme de régulation rétroactive : la présence du médiateur dans la fente synaptique stimule le récepteur présynaptique qui freine la libération du médiateur dans la synapse et arrête ainsi le processus.

Parmi les neurotransmetteurs (ou neuromédiateurs), certains sont connus depuis longtemps en raison de leur rôle dans les systèmes périphériques, par exemple l'acétylcholine à la jonction neuromusculaire et dans les voies parasympathiques, ou l'adrénaline à la terminaison des voies sympathiques. Mais certaines monoamines jouent un rôle important dans certaines voies neuronales centrales, et c'est le cas en particulier pour la noradrénaline et la sérotonine. Le nombre des médiateurs identifiés augmente chaque année, et il faut bien garder présent à l'esprit que les neurones adrénergiques et sérotoninergiques (c'est-à-dire utilisant noradrénaline ou sérotonine) ne constituent qu'un très faible contingent de l'ensemble des neurones. Toutefois, ils existent dans des voies anatomiquement bien identifiées et il n'est donc pas surprenant que l'on ait pu les individualiser avant d'autres, d'autant qu'ils se sont avérés liés à des activités vitales assez élémentaires, comme la régulation de l'humeur.

Il faut noter que les moyens d'étude dont nous disposons pour étudier ces mécanismes demeurent limités au regard de l'ampleur du phénomène. Il s'agit de transformations chimiques qui durent 1 à 2 millièmes de seconde, et qui intéressent quelques milliers de synapses dont la taille est d'environ 30 millionièmes de millimètres. Ce sont donc en réalité d'infimes quantités de médiateurs qui se trouvent en jeu.

Il est évidemment impossible d'observer et de préciser la nature des opérations chimiques sur le cerveau de l'homme vivant. Une première méthode consiste à étudier la répartition des neurotransmetteurs connus dans le tissu cérébral après la mort. En réalité, ce sont des substances qui disparaissent très vite, et seules des études sur des déprimés suicidés ont permis quelques résultats, d'interprétation douteuse il est vrai : on conçoit que l'examen n'est pas immédiat et, d'autre part, ces malades prenaient souvent des médicaments qui faussent les données. L'autre méthode, infiniment plus accessible, consiste à doser les produits ou les dérivés résultant de leur dégradation. Pour certains d'entre eux, le seul dosage valable porte sur leur taux dans le liquide céphalorachidien, ce qui n'est pas sans soulever des difficultés d'ordre pratique et éthique. Pour d'autres, heureusement, le dosage dans les urines se révèle fiable. Mais, dans tous les cas, la difficulté demeure de préciser la part du produit dosé qui correspond réellement au phénomène intracérébral que l'on entend explorer.

Pour pallier ces difficultés, on utilise plusieurs artifices. L'un consiste à étudier sur d'autres cellules de l'organisme d'accès plus facile que les neurones, en postulant que ce qui se passe au niveau de ces cellules est analogue à ce qui se déroule dans le cerveau. Le modèle le mieux connu est celui des plaquettes sanguines qui se comportent vis-à-vis de la sérotonine comme la membrane d'un neurone. Un autre artifice consiste à explorer l'action sur les glandes endocrines de structures nerveuses qui utilisent le neurotransmetteur que l'on désire explorer. On sait en effet que les glandes endocrines sont sous la régulation de l'hypophyse. Les hormones sécrétées par les glandes périphériques (thyroïde ou surrénale, par exemple) sont donc sous la dépendance de stimulines hypophysaires (thyréostimuline ou T.S.H. pour l'hormone thyroïdienne, Adréno-corticophichormone ou A.C.T.H. pour le cortisol surrénalien). Les sécrétions hypophysaires sont elles-mêmes sous la dépendance de facteurs libérateurs ou inhibiteurs dont la sécrétion est contrôlée par des neurones. On peut donc considérer que certaines variations spontanées ou provoquées par des ajouts hormonaux sont le reflet de l'activité monoaminergique.

En réalité, les résultats les plus démonstratifs ont été obtenus par l'expérimentation animale, en utilisant l'action du médicament. Ce sont donc des résultats indirects dans la mesure où ils présupposent que les effets obtenus sur le tissu cérébral par le médicament sont l'inverse du phénomène dépressif. Nous verrons que cette présupposition soulève d'importantes difficultés. Ces méthodes visent à obtenir, à partir du tissu cérébral, des préparations qui réalisent l'équivalent d'une membrane pré ou postsynaptique et à observer les effets sur certains éléments chimiques de la préparation (médiateurs, récepteurs, éléments chimiques modifiés par les récepteurs postsynaptiques) d'une administration de médicament. C'est ainsi qu'a pu être précisé le mode d'action des divers antidépresseurs sur ces éléments.

Monoamines et troubles de l'humeur[1]

La confrontation entre l'observation empirique des effets cliniques des psychotropes et l'identification de leurs mécanismes d'action neurochimiques a, d'un point de vue historique, donné naissance à la plupart des hypothèses monoaminergiques de la maladie dépressive.

La noradrénaline a été impliquée la première dans les troubles de l'humeur. La découverte de l'effet antidépresseur de l'imipramine remonte à 1957, et en 1964, Glowinski et Axelrod montrent son action inhibitrice sur la recapture de la nora-

1. Cette partie de chapitre a été rédigée en collaboration avec Salomon Ammar et Roland Jouvent.

drénaline. Par la suite, de nombreux travaux ont associé les troubles thymiques à un dysfonctionnement des systèmes noradrénergiques. Citons, à titre d'exemple, l'excrétion urinaire du MHGP (acide 3-méthoxy-4-hydrophénylglycol, catabolite de la noradrénaline), qui est fortement diminuée au cours d'un épisode dépressif, comparée à des sujets témoins ou à des périodes euthymiques.

Le rôle des systèmes sérotoninergiques a été mis en évidence peu après, étayé par des arguments cliniques et neurochimiques de nature sensiblement analogue. En 1970, Van Praag et ses collaborateurs montrent chez des déprimés endogènes un hypofonctionnement des systèmes sérotoninergiques.

Dès lors, il était possible de concevoir deux sous-types biochimiques de dépressions endogènes celles qui sont dues à une déficience en sérotonine (5HT) et celles qui relèvent d'un dysfonctionnement noradrénergique.

La dopamine a été ensuite mise en cause, en raison notamment de la fréquence des dépressions au cours de la maladie de Parkinson, d'un taux abaissé de HVA (acide homovanillique, métabolite de la dopamine) dans le liquide céphalo-rachidien de certains sujets déprimés et de l'effet antidépresseur, du reste inconstant et labile, de l'amphétamine et des agonistes dopaminergiques.

C'est, dans un premier temps, à une altération quantitative du fonctionnement des systèmes monoaminergiques que l'on a pu attribuer un rôle étiopathogénique dans la genèse des troubles de l'humeur. Cette hypothèse reposait essentiellement sur divers index neurochimiques :

– Une diminution de la concentration cérébrale de ces monoamines ou de leurs métabolites dans les urines ou le liquide céphalo-rachidien chez des déprimés par rapport à des sujets témoins.

– Des substances chimiques augmentant l'activité des systèmes monoaminergiques peuvent avoir un effet antidépresseur et éventuellement induire un accès maniaque.

– A l'inverse, des produits qui diminuent l'activité de ces systèmes ont une action favorable sur la symptomatologie maniaque et sont susceptibles d'engendrer un état dépressif.

– Les mesures de l'activité des enzymes impliquées dans les mécanismes de synthèse ou de catabolisme de ces monoamines suggèrent un hyperfonctionnement chez les maniaques et un hypofonctionnement chez les déprimés.

Le concept d'un déséquilibre relatif des systèmes catécholaminergiques et sérotoninergiques au profit de ces derniers a ensuite été invoqué (Tissot, 1975).

L'identification de récepteurs au sein des membranes cellulaires et l'étude de leur plasticité fonctionnelle (propriété d'adaptation aux fluctuations métaboliques de leurs ligands respectifs par des variations en nombre et en sensibilité) a généré un autre ordre de concepts. La maladie dépressive, ou la susceptibilité individuelle à un trouble de l'humeur, peut être alors ramenée à une maladie des récepteurs (éventuellement soumise à un déterminisme génétique) ; les anomalies métaboliques des monoamines observées sont donc considérées comme un reflet indirect.

Plus récemment encore, on a pu mettre en évidence l'existence de nombreuses interactions complexes entre les systèmes monoaminergiques et d'autres systèmes de neuromodulateurs ou neurotransmetteurs : les endorphines, l'acide gamma-amino-butyrique (GABA) et surtout l'acétylcholine.

Cependant, quelle que soit la sophistication des méthodes biologiques employées, les résultats des approches biologiques nosographiques convergent par leur caractère inconstant et contradictoire. Une anomalie biologique donnée est relevée dans une étude chez des déprimés et pas dans une autre, ou bien chez le tiers ou la moitié des patients seulement. Cette démarche contient intrinsèquement la nécessité d'isoler des sous-groupes homogènes. Par là même, elle expose l'expérimentateur au risque d'une certaine tautologie classificatoire.

Le cerveau déprimé

Ces incertitudes et la complexité croissante qu'elles introduisent dans notre compréhension des mécanismes cérébraux de production de l'état dépressif ne doivent pas nous étonner. Une voie neuronale caractérisée par un neurotransmetteur chimique agissant à sa périphérie ne peut être considérée isolément. Nous avons vu que les voies à médiation noradrénergique et sérotoninergique aboutissent à un nombre considérable de structures nerveuses qui, à leur tour, se ramifient en se connectant avec un nombre considérable d'autres structures. Chacune d'elles dispose de son propre système neuromédiateur. Cette extrême complexité du système neuronal entraîne deux conséquences indispensables à notre réflexion.

La première est qu'une voie neuronale, comme le faisceau noradrénergique dorsal par exemple, envoie des messages à un nombre considérable de structures diverses et que les fonctions qu'elle peut exercer sont extrêmement variées en raison de ces connexions. Il est très vraisemblable que la fonction qui intervient dans la production de l'état dépressif n'intéresse que certaines connexions de ce faisceau et on ne sait encore pas pourquoi un hypofonctionnement ou un hyperfonctionnement de la voie produit un état dépressif ou maniaque, et non d'autres actions.

Inversement, une voie neuronale n'agit jamais seule, elle entre dans ces circuits multiples, et il est parfaitement compréhensible que pour produire l'état dépressif, il faille la mise en jeu d'un circuit nécessitant la participation de nombreuses voies neuronales utilisant différents neuro-médiateurs. Dans un tel circuit, les voies ne sont pas nécessairement dans un simple rapport de continuité. Certaines peuvent être parallèles, entrer en compétition l'une avec l'autre ou se renforcer mutuellement. Dans ces conditions, on imagine aisément que les médicaments antidépresseurs agissent simultanément sur différents relais du système ou, au contraire, qu'ils exercent une relance du système sur l'un ou l'autre de ces relais. Il serait erroné de s'en tenir à l'idée désuète de centres localisés qui auraient pour mission de régler un comportement particulier. La structure en réseau du système nerveux nous aide à comprendre, au fur et à mesure que nous connaissons mieux le mode de fonctionnement d'une voie et de son mode de transmission synaptique, que son activité ne peut être perçue isolément mais se trouve sous la dépendance d'autres voies. Certes, la découverte de médicaments qui agissent très spécifiquement sur l'une d'entre elles, en intervenant sur sa neurotransmission synaptique, peut nous aider à analyser un peu mieux l'interaction des voies neuronales. Mais si l'avantage pratique des médicaments dont nous disposons déjà est d'agir sur divers éléments du système, ce que nous pouvons gagner sur le plan de la compréhension du mécanisme risque d'être perdu au niveau de la puissance, de la constance et de la durée de l'effet thérapeutique. L'avenir nous dira si le progrès des connaissances et celui de la thérapeutique peuvent aller de pair et si une meilleure connaissance de différents maillons de la chaîne des voies neuronales impliquées dans la production de l'état morbide nous permet de mieux soigner cet état.

Revenons un instant aux questions de méthode. Quand il s'agit de comparer un événement mental, en l'espèce l'état dépressif, et un événement physiologique qui lui est corrélé, notre ambition est d'apporter une explication. Nous posons en effet que l'événement mental est produit par l'événement physiologique. L'idéal est évidemment d'étudier une telle corrélation chez l'homme. Mais nos moyens d'exploration des événements qui se déroulent dans le cerveau demeurent trop grossiers pour identifier ces événements ou leur effet sur le comportement La méthode est purement inductive et vise à démontrer une probabilité d'événements plus grande que le hasard. Le fait que cette probabilité ne soit pas telle que l'événement physiologique apparaisse constant est difficile à interpréter. Nous n'étudions pas le phénomène cérébral lui-même, mais ses effets périphériques. L'inconstance des résultats tient peut-être tout simplement au fait que le phénomène étudié à la périphérie ne dépend que partiellement de l'événement intracérébral qu'il est censé refléter, et qu'une part importante de sa variance tient à d'autres facteurs. Il est possible également que l'événement intracérébral qu'il permet de mesurer ne soit pas constant chez tous les déprimés. Quelle que soit la part d'incertitude qu'il tient au premier ordre d'explication, il semble que ce second facteur doive être pris en considération. En donnant à des singes des agents pharmacologiques qui provoquent une déplétion franche et sélective d'un neurotransmetteur à l'exclusion de tout autre, on s'aperçoit (Akiskal et Kinney, 1973) qu'il n'y a pas de relation simple entre les propriétés pharmacologiques de l'agent et les effets comportementaux. Certains inhibiteurs de la noradrénaline provoquent un syndrome dépressif franc, d'autres pas. Tout ne peut donc être réduit à l'état des neurotransmetteurs dans l'ensemble des systèmes neuronaux.

Les expériences sur l'animal présentent au départ l'avantage de nous faire entrevoir une relation directe entre le médicament et le cerveau. Si nous connaissons chez l'homme l'effet d'un médicament sur le comportement, le fait que nous puissions étudier chez l'animal son effet sur le cerveau nous permet d'établir une comparaison entre le comportement (humain) et le cerveau (animal). Nous travaillons sur deux équations. Malheureusement, la démonstration est moins facile qu'il n'y paraît. Les structures nerveuses ne sont pas tout à fait comparables d'une espèce à l'autre. Ceci explique en partie que les travaux progressent plus dans l'analyse des phénomènes élémentaires que dans la définition topographique et fonctionnelle des systèmes affectés. Nous avons vu que, d'une étude de la synapse en tant que structure biologique, on était passé à une analyse de phénomènes chimiques élémentaires qui se déroulent dans cette structure. Les phénomènes ici observés ne correspondent plus guère aux notions d'axone, de membrane ou de synapse, mais à ceux d'enzyme, de précurseurs du neurotransmetteur, de dégradation de celui-ci, de fixation sur la protéine récepteur et d'effet de cette fixation sur d'autres enzymes. Bref, l'analyse de l'action des antidépresseurs se situe désormais au niveau de la biologie moléculaire.

On commence d'ailleurs à s'interroger sur des phénomènes inframoléculaires qui intéressent les ions Sodium et l'on se demande si l'explication du phénomène dépressif ne résiderait pas dans un jeu entre le sodium intracellulaire et le sodium extra-cellulaire, et dans les effets de ce jeu sur le potentiel électrique de la membrane neuronale Nous n'avons pas fait non plus allusion jusqu'ici à l'effet remarquable des sels de lithium dans la prévention des rechutes d'accès maniaques et dépressifs. En réalité, si le fait clinique est indiscutable, son mécanisme physiologique demeure obscur. On se demande précisément si l'ion Lithium ne viendrait pas interférer avec d'autres métaux ionisés, en particulier l'ion Sodium.

Cette voie ouverte vers une analyse de plus en plus élémentaire des phénomènes mérite réflexion. Est-ce à dire que l'explication biologique du comportement dépressif doive inévitablement dériver de l'explication physiologique à l'explication moléculaire, et de l'explication moléculaire à une éventuelle explication ionique ? S'agit-il d'un progrès dans le niveau d'analyse ? Connaissons-nous mieux un phénomène biologique lorsque nous savons le décrire en termes chimiques ?

Cette analyse fine des processus chimiques engagés dans l'événement physiologique ne nous dispense certes pas d'approfondir nos connaissances à un niveau plus complexe, et de préciser quelles sont les structures nerveuses qui sont intéressées, comment elles agissent les unes sur les autres. Mais c'est là une démarche qui demeure difficile en raison du hiatus séparant l'analyse des comportements et celle des phénomènes chimiques *in vitro*.

En présence de ces incertitudes, mais aussi, malgré tout, des connaissances partielles dont nous disposons, l'attitude des praticiens et des patients demeure souvent empreinte de préjugés idéologiques et passionnels. Les sceptiques et les enthousiastes ne fondent pas toujours leur jugement sur la seule critique des méthodes et des théories. Bon nombre de sceptiques conservent par devers eux une réticence à admettre que le phénomène dépressif puisse ainsi être expliqué par des processus matériels au niveau du cerveau. Certains patients subissent le traitement médicamenteux et admettent ses effets avec regret, comme malgré eux. Il leur répugne de penser que des molécules chimiques si parfaitement identifiées puissent avoir un effet aussi puissant sur leur fonctionnement mental. Certains praticiens, tout en concédant qu'il est nécessaire, pour le bien de leurs patients, d'utiliser ces médicaments, ont le sentiment que le pouvoir de cette action chimique et ce qu'elle implique pour la compréhension du phénomène dépressif réduisent ce phénomène à une dimension par trop limitée. Ces réticences et cette mauvaise conscience, partagées par les patients et les prescripteurs, tiennent profondément à l'idée que le cerveau est avant tout un organe d'exécution de comportements dont l'intelligibilité dernière tient à la nature des événements sociaux et à la manière dont se constitue l'histoire individuelle du sujet. Ils ne nient pas que les événements de cette histoire s'impriment dans le cerveau, mais ils considèrent ce dernier comme un appareil de perception et d'exécution, fait pour accomplir des tâches de prise d'information, de conservation des souvenirs et des habitudes.

Entre l'événement qui consiste à reconnaître la petite phrase de la sonate de Vinteuil et celui qui consiste à identifier toute autre mélodie, ils admettent bien qu'une différence doit se retrouver dans l'état du cerveau, qui corresponde aux deux événements. Mais c'est là une différence subtile et complexe qui dépend étroitement des deux événements considérés. Le cerveau est là pour matérialiser cette différence. De même, l'état dépressif correspondrait à un ensemble des connotations subjectives d'événements passés ou présents. Le cerveau « dépressif » ne saurait être envisagé que dans la complexité extrême d'un appareil destiné à matérialiser les traces de cet ensemble. Ce qui heurte, dans cette perspective, c'est l'idée qu'un événement psychologique aussi riche que l'expérience dépressive puisse dépendre d'un phénomène aussi grossier que celui qui affecte quelques monoamines dans quelques milliers de synapses. En somme, ils admettent bien l'idée que le cerveau soit nécessaire pour matérialiser l'expérience et produire le comportement, mais ils répugnent à celle d'un cerveau assez fragile pour modifier l'expérience et le comportement en fonction de déterminismes relativement simples. Le risque encouru par une telle attitude – outre ses conséquences pratiques : la réticence à l'égard d'une thérapeutique médicamenteuse efficace, les demi-mesures, le recours au « psychologique » pour limiter l'emprise du « biologique » – est de livrer en permanence un combat d'arrière-garde et de renoncer à une authentique réflexion critique sur l'articulation du « psychologique » et du « biologique ».

Les enthousiastes, souvent si pressés de déclarer que l'explication biologique réduit à néant toute autre forme d'explication, obéissent en fait aux mêmes préjugés. Mais il leur déplaît de penser que les mécanismes qui permettent d'identifier la sonate de Vinteuil soient de même nature que ceux de la dépression. Ils entendent opposer le cerveau normal, qui assure la liberté de pensée et l'exercice du libre arbitre, au cerveau malade, responsable de la dépression. C'est au fond le dualisme entre la pensée normale, rationnelle et libre, et la pensée morbide qu'ils entendent fonder sur des modes de fonctionnement radicalement distincts du fonctionnement cérébral. En réalité, ces présuppositions idéologiques constituent un obstacle tout aussi ferme à la réflexion critique nécessaire. La logique « biologique » de la dépression mérite que l'on mesure ses limites au moment même où sa valeur heuristique est illustrée par les découvertes empiriques de médicaments efficaces et les progrès constants apportés par la recherche pharmacologique et neurochimique.

Le premier concept dont nous devons nous méfier, lorsque nous pensons à la dépression en termes d'événements neurophysiologiques, est celui de maladie. Le risque est en effet d'identifier trop facilement le trouble neurophysiologique au substratum d'un phénomène morbide. Le langage neurophysiologique s'y prête aisément. Les termes d'insuffisance du taux d'un neurotransmetteurs d'hyposensibilité ou d'hypersensibilité des récepteurs, de trouble de la répartition des ions Sodium induisent l'idée que la maladie dépressive résulte de ces anomalies biologiques. Nous avons vu combien les deux hypothèses, noradrénergique et sérotoninergique, pouvaient rapidement conduire à l'opposition entre deux maladies distinctes. Au découpage purement clinique de la nosologie traditionnelle, on pourrait substituer progressivement un découpage selon des critères biologiques qui permettrait d'isoler différentes espèces de dépression selon le type de déficit chimique observé, et qui guiderait le choix du médicament approprié. Il est en effet parfaitement concevable que dans les dépressions dites endogènes, que nul événement social ou souffrance mentale ne vient provoquer, un déficit inné ou acquis puisse altérer un maillon du système des voies neuronales impliqué dans la production de l'état dépressif. Mais on ne saurait assimiler le traitement antidépresseur à la simple correction d'un déficit plus ou moins passager. Il faut souvent prolonger le traitement durant de nombreuses semaines ou plusieurs mois avant que l'organisme puisse rétablir un fonctionnement normal du système. On ignore encore tout des raisons d'un délai aussi long.

En outre, l'idée d'une maladie biologique s'accorde mal avec l'absence d'une discontinuité entre l'état normal et la dépression pathologique. Sans doute connaît-on de nombreuses maladies physiques dans lesquelles une faible altération de la fonction incriminée crée des états pathologiques mineurs. Mais, dans le domaine de la dépression, le continuum ne tient pas seulement à l'existence de formes symptomatiques mineures, mais au caractère plus ou moins réversible du phénomène dépressif. Nous ne savons pas pour quelle raison biologique une réaction dépressive aiguë et transitoire d'ordre réactionnel diffère d'un état prolongé.

Surtout, l'idée de la maladie biologique laisse trop facilement croire que la dépression est une simple expression comportementale de l'altération neurochimique. Dire que cette dernière produit le comportement dépressif n'explique pas tout. Car ce comportement est aussi une réponse, normale ou pathologique, aux événements de la vie et à l'état de la personnalité. En provoquant une réaction dépressive par une manipulation de l'environnement, on crée un état cérébral qui reproduit les phénomènes biochimiques observés plus haut. Chez des rats exposés à une situation de stress qui les conduit à une réaction d'abandon, le taux de noradrénaline dosé *in vitro* dans des structures normalement riches en ce médiateur diminue et ne revient à la normale que six heures après que l'animal a été soustrait à l'épreuve et qu'il a repris son comportement normal. Par contre, le taux de sérotonine cérébrale augmente immédiatement pour se normaliser après l'arrêt de l'épreuve On peut raisonnablement imaginer que des personnes frappées par un deuil particulièrement douloureux présentent pendant quelques heures des anomalies biochimiques identiques à celles observées dans un état dépressif grave. Il y a donc tout lieu de penser que les interactions entre les événements psychosociaux et l'état du cerveau se font à double sens et que l'état du cerveau se constitue en réponse à ces événements en même temps qu'il exerce une contrainte sur cette réponse. Le déficit biologique ne peut pas être conçu, de manière unilatérale, comme la cause primaire de la dépression. Il faut aussi l'envisager comme une réponse de l'organisme. Plutôt que d'opposer une forme primaire et biologique de dépression à une forme secondaire, les données empiriques suggèrent que nous retenions un modèle d'interactions réciproques dans lequel les contraintes d'ordre psychosocial entrent en équilibre ou en compétition avec des contraintes d'ordre neurophysiologique.

Un tel modèle invite à se représenter l'état dépressif comme une réponse à des incitations d'ordre social et psychologique et comme la mise en place d'un dispositif neurophysiologique produisant cette réponse. Il invite également à s'interroger sur la nature psychologique de cette réponse et à tenter de préciser ses caractéristiques fondamentales. Il nous faut tenter de définir le sens de cette réponse ou, en d'autres termes, les événements comportementaux et mentaux correspondant aux événements physiologiques ou neurochimiques observés. On ne peut laisser à l'investigation biologique le soin de tout expliquer. La psychologie de la dépression appelle aussi de nouvelles investigations et de nouvelles réflexions.

VII

La réponse dépressive

Les données neurophysiologiques contribuent à éclairer la double question du mécanisme et des causes. Rappelons qu'en termes de mécanisme, on doit tenir compte en même temps du système nerveux qui produit le syndrome dépressif et des conditions psychologiques dans lesquelles celui-ci se réalise. Par contre, en termes de causes, il est permis de distinguer des formes dans lesquelles l'un ou l'autre de ces ensembles de facteurs interviennent exclusivement ou de manière dominante. Notons cependant que dans le domaine neurophysiologique, il n'est pas facile de préciser ce qui relève d'un mécanisme explicatif du phénomène dépressif et ce qui relève de facteurs prédisposants à la survenue du phénomène. Ce sont les bases neurobiologiques de l'endogénéité qui demeurent confuses. Ne doit-on retenir que les mécanismes physiologiques de l'altération des rythmes circadiens et de la transmission génétique ? Il est fort vraisemblable qu'il faille également considérer des altérations permanentes de la transmission synaptique et neuronale, en particulier au niveau membranaire.

Mais il est une autre question, tout aussi importante, que les données rappelées au long des chapitres précédents ne permettent guère de résoudre. C'est celle de la signification même du phénomène dépressif. Question qui peut paraître spéculative, mais qui doit être posée dans la mesure où la réponse explicite ou implicite qu'on lui apporte influence les attitudes du praticien et du patient. Ces attitudes ne peuvent être disjointes de la représentation que l'on se forge du sens anthropologique de la dépression. L'idée la plus commune, nous l'avons vu, est celle d'une maladie venant altérer les mécanismes normaux de régulation du comportement. De ce point de vue, la différence entre le normal et le pathologique est seulement considérée en termes de formes mineures et graves. On peut en effet admettre que les formes mineures constituent des altérations fréquentes de la conduite humaine, dont les effets ne constituent pas une gêne sociale et subjective appréciable, mais dont la nature pathologique n'est pas discutée. En médecine, il existe de nombreux exemples de maladies dont la forme bénigne constitue un événement quasi inévitable dans la vie des individus. Citons par exemple les maladies infectieuses de l'enfance et les phénomènes dégénératifs de la sénescence. Leur faible intensité les fait considérer comme des événements normaux de l'existence. Mais, d'un point de vue qualitatif, ils n'en demeurent pas moins les expressions d'une pathologie.

L'humeur dépressive

Dans le domaine de la dépression, cette manière de voir coïncide avec la théorie d'un dérèglement de l'humeur. Elle a été remarquablement définie et décrite par J. Delay[1]. Normalement, toute activité humaine s'accompagnerait d'un état affectif de plaisir ou de déplaisir qui serait congruent avec cette activité, et surtout avec ses effets. L'insatisfaction résultant de l'échec d'une réalisation ou d'un défaut de l'environnement à assurer cette réalisation pourrait être source d'un sentiment de tristesse comme elle le serait d'autres réactions émotionnelles telles que l'angoisse ou l'agressivité. La dépression constituerait une altération de la régulation de ces réponses émotionnelles. La tristesse ne serait plus le propre de certaines réactions légitimes, mais viendrait se substituer à toute autre réaction pour colorer de manière univoque et pénible l'ensemble de l'expérience subjective.

Deux implications méritent ici d'être soulignées. La première, évidente, est que la dépression apparaît bien comme une maladie venant altérer le système normal de régulation de l'humeur. La seconde, tout aussi importante, est que ce dérèglement affecte les réponses émotionnelles de l'organisme. C'est la tristesse, la douleur morale qui caractérise cette réaction pathologique. Tous les autres symptômes ne sont que les

1. J. Delay, *op. cit.*

conséquences de cette tristesse ou les témoins de l'altération physiologique qui est à l'origine de ce dérèglement. Ce sont précisément ces deux hypothèses qu'il nous faut maintenant discuter et dont le bien-fondé mérite d'être remis en question.

Notons bien qu'il s'agit là d'une conception très largement admise. Les termes de « trouble de l'humeur », de « trouble thymique » ou d' « *affective disorder* » sont encore très couramment utilisés pour définir l'état dépressif. On ne saurait donc contester ce point de vue qu'en s'assurant d'arguments particulièrement solides. Notons également que l'originalité de l'ouvrage de J. Delay a consisté à utiliser l'argument thérapeutique. Pour la première fois, le traitement efficace d'un trouble mental, en l'occurrence l'action antidépressive de l'électroconvulsivo-thérapie, était utilisée comme moyen d'étude du phénomène, comme analyseur. Mais c'est précisément en se servant de l'observation des effets des médicaments antidépresseurs que l'on peut remettre en question la théorie du trouble de l'humeur et ce qu'elle sous-entend, l'idée d'une dysrégulation conférant à la dépression, tant dans ses expressions mineures que majeures, le sens d'une maladie étrangère à la finalité adaptative du comportement humain.

Une théorie substitutive de celle du dérèglement de l'humeur supposerait donc que soit apportée une réponse à deux questions qui ne sont pas liées a priori : la dépression constitue-t-elle nécessairement un dérèglement pathologique de l'activité ? et, dans l'hypothèse où la dépression représenterait, au moins dans certaines de ses formes, un mode de réponse normal de l'organisme ayant sa propre finalité adaptative, la réaction affective de tristesse est-elle bien la caractéristique primaire et fondamentale de cette réponse ?

Un certain nombre de données cliniques et expérimentales vont nous aider à proposer une interprétation du phénomène dépressif que l'on pourrait substituer à cette conception classique.

Peut-on parler d'une dépression du nourrisson ?

La dépression est rare ou d'observation difficile chez l'enfant, mais on connaît depuis quelques décennies un état pathologique du nourrisson qui n'est pas sans analogie avec la dépression de l'adulte et qui survient chez des enfants séparés de manière prolongée de leur mère. On l'appelle habituellement dépression anaclitique, terme proposé par Spitz pour signifier son caractère réactionnel à la rupture du lien de dépendance étroite avec la mère. Elle a été décrite dans l'immédiat après-guerre par différents auteurs, Spitz aux U.S.A., Bowlby et Robertson en Grande-Bretagne, J. Roudinesco-Aubry en France.

Comme toujours, cette découverte n'était pas fortuite. Les psychanalystes s'intéressant aux origines précoces de la pathologie mentale avaient développé une observation naturaliste du comportement des jeunes enfants en interaction avec leur mère. Ils soulignaient la nécessité de cette interaction et des échanges affectifs qu'elle assure. A l'époque, au contraire, sous l'influence de règles strictes d'hygiène destinées à assurer une lutte efficace contre les infections et les épidémies de crèche, la puériculture visait à préserver les enfants, en particulier ceux qui vivaient en collectivité, de toute source de contamination et restreignait de ce fait les échanges sociaux. Sur un plan psychologique, la règle était qu'il ne fallait pas « énerver » les enfants par des sollicitations intempestives. La guerre enfin devait multiplier les séparations entre parents et enfants. Toutes les conditions se trouvaient ainsi réunies pour que des psychanalystes observent d'un regard neuf le comportement des jeunes enfants séparés de leur mère et vivant en collectivité.

La dépression anaclitique touche les enfants jeunes, principalement entre 6 mois et 3 ans. Bowlby en a bien décrit les trois phases successives : de protestation, de désespoir et de détachement. L'enfant qui vient d'être séparé de sa mère réagit d'abord de manière active. Il pleure et crie, refuse les échanges avec l'entourage nouveau et s'agite de manière désordonnée. A cette phase de lutte qui ne dure guère plus de quelques jours succède une attitude tout à fait différente. L'enfant redevient calme et silencieux, mais ce retour apparent à la normale – et c'est en quoi consiste la découverte de ces observateurs – n'est pas le gage d'un équilibre retrouvé. En réalité, l'enfant devient apathique et indifférent. Les contacts sociaux sont pauvres. Le comportement est celui d'un déprimé : « manque progressif de contact, écrit Spitz, rejet de l'entourage..., retard du développement, ralentissement de la réaction aux stimuli, lenteur des mouvements, abattement, stupeur et expression mimique qui, chez un adulte, évoquerait la dépression ». Cette phase de désespoir va durer aussi longtemps que dure la séparation. Lorsque celle-ci prend fin, l'enfant peut retrouver son comportement normal. Mais, souvent, il se montre alors indifférent et hostile et le développement intellectuel et affectif ultérieur gardera des marques plus ou moins profondes de cette expérience traumatique.

La dépression anaclitique n'est pas la conséquence inévitable de la séparation. 20 % seulement des enfants séparés en présenteraient les signes. Le risque varie beaucoup selon les conditions de la séparation et, surtout, la qualité psychologique des soins donnés en substitution. Mais peut-on réellement parler d'une dépression ? Le terme ne s'applique qu'à la seconde phase du processus. La comparaison s'appuie sur une analogie de comportement, mais on ne peut que supposer l'existence d'une tristesse. L'enfant de 6 ou 8 mois peut-il éprouver une peine de même nature que celle d'un adulte ? Il ne saurait évidemment en fournir une expression verbale, mais nous ignorons s'il est en mesure de se donner une représentation de l'être absent qui soit identique à celle qui accompagne l'expérience d'un deuil ou la nostalgie de l'absence. Comment décrire la forme de douleur morale qui peut être éprouvée par un appareil psychique encore si peu différencié ?

Perdre tout espoir

Ces questions posent en fait le problème de la définition même de l'affect. Peut-on vraiment isoler l'affect des représentations mentales qui l'entretiennent ? On peut évidemment imaginer que le très jeune enfant ressent douloureusement la situation, mais cette expérience subjective doit être très différente de ce qu'éprouve l'adulte. Nommer dépression cette réaction infantile précoce, c'est donc mettre l'accent sur le comportement de repli et d'apathie et laisser au second plan la forme que peut revêtir l'expérience subjective. On ne peut pas dire que l'enfant perçoit l'absence, qu'il réagit par la tristesse et que cette tristesse l'incline à se désintéresser de ce qui l'entoure. On doit admettre que, d'emblée, l'expérience confuse d'un manque entraîne la réponse d'apathie et de désintérêt, et que cette réponse qui prend possession de l'enfant est accompagnée d'une sensation pénible. On voit que la dépression anaclitique nous oblige à reconsidérer le schéma que l'on construit habituellement. La dépression n'apparaît plus comme une tristesse pathologique, mais comme une réponse innée à une situation catastrophique qui vient désorganiser l'ensemble des schémas d'activité et d'échanges qui se développent normalement à partir des interactions précoces entre la mère et l'enfant. On peut évidemment en conclure que la dépression anaclitique n'est pas assimilable à celle de l'adulte ; on peut également en déduire que le noyau de la dépression n'est pas la construction mentale complexe observable chez l'adulte, mais la réponse élémentaire dont la dépression anaclitique constituerait le prototype infantile.

C'est cette seconde manière de voir qui a inspiré à de nombreux psychanalystes une théorie de la dépression comme réponse à l'expérience de perte. Déjà, K. Abraham et S. Freud avaient souligné l'opposition entre l'angoisse comme réponse à un danger futur et la dépression comme réponse à un traumatisme accompli. Mais quand il s'agissait d'expliquer une maladie mentale complexe, cette opposition n'avait qu'une faible importance. C'est en 1956 que Bibring suggère pour la première fois que la dépression est une réaction de base du moi qui exprime la reviviscence d'une organisation infantile caractérisée par un sentiment d'impuissance. Cette nouvelle conception devait exercer une influence croissante. La première réaction consista à proposer une distinction entre des dépressions qui résulteraient du retournement de l'agressivité contre soi, conformément à la thèse de Freud, et des dépressions qui seraient liées à une simple réaction de retrait (E. Zetzel[1]). Une autre fut d'envisager deux attitudes complémentaires : le sujet, pour se protéger contre une relation ambivalente à l'objet, faite de haine et d'amour, utiliserait le retrait comme défense

1. E. Zetzel (1960) « Introduction to symposium on depressive illness », *Int. J. Psychoanal.*, 41, 476-480.

contre cette contradiction interne (Guntrip[1]). Cette interprétation permet de porter une attention nouvelle à l'aspect « dévitalisé » des personnalités dépressives et invite à rechercher l'explication de la fatigue et de l'épuisement de ces patients autrement qu'en invoquant le simple effet de la tristesse. Le désir de régresser vers une attitude d'abandon devient la réaction fondamentale à l'expérience de perte. Lorsque la capacité de lutte prédomine, la culpabilité, l'auto-dépréciation et les manifestations délirantes demeurent au premier plan. Mais quand ces possibilités se révèlent insuffisantes, le retrait devient la seule solution.

Dès lors, la voie était ouverte à une théorie concevant la dépression comme réponse émotionnelle de base associant des traits comportementaux, affectifs et physiologiques qui visent à protéger le sujet contre la douleur morale. C'est la thèse développée par Sandler et Joffe[2] qui considèrent cette réaction dépressive comme une réponse psychobiologique à l'expérience de la perte. La douleur morale apparaît dans cette perspective comme un affect qui déclenche la réponse et, en même temps, comme la conséquence de cette réponse, liée au sentiment d'impuissance.

Une telle évolution des idées témoigne d'un retour à la conception darwinienne de l'affect. Celle-ci considérait l'émotion comme le résidu d'un comportement qui, chez d'autres espèces

1. H. Guntrip (1962) « The manic depressive problem in the light of the schizoïd process », *Int. J. Psychoanal.*, 43, 98-112.

2. J. Sandler et W. Joffe (1969), « Toward a basic psychoanalytic model », *Int. J. Psychoanal.*, 50, 79-90

animales, avait une finalité adaptative. Engel[1] a donné une synthèse très séduisante. Il considère l'angoisse et la dépression comme deux réponses élémentaires qui fonctionnent secondairement comme des signaux vis-à-vis de l'entourage et vis-à-vis du moi. L'angoisse réalise bien un comportement mental de lutte vis-à-vis des tensions intérieures et des dangers extérieurs ; le repli dépressif constitue en revanche une attitude protectrice de retrait, une forme d'hibernation qui permet au sujet de survivre quand il ne dispose plus de la faculté de lutter.

Modèles animaux

Si la dépression est à l'origine une réponse adaptative et innée, elle devrait s'observer parmi d'autres espèces animales. On connaît en effet depuis longtemps des observations rapportant des réactions de deuil : réactions à la perte du compagnon chez l'oie cendrée décrite par Lorenz, à la perte d'un maître chez le chien, à la séparation précoce d'avec la mère chez les primates ; toutes ces observations décrivent une altération du comportement habituel et l'apparition d'un comportement nouveau caractérisé par l'absence de mouvements, la rareté des contacts sociaux, le repli sur soi. Harlow et son groupe, travaillant au laboratoire d'étude des primates de l'Université

1. G. L. Engel (1962), « Anxiety and depression withdrawal : the primary affects of unpleasure », *Int. J. Psychoanal.*, XLIII, 82-97.

de Wisconsin, eurent le projet de réaliser expérimentalement la dépression anaclitique en s'adressant à des singes macaques Rhésus. Ils pratiquèrent différentes formes de séparation entre le jeune et sa mère. Chez cette espèce, l'attachement à la mère est très fort jusqu'à l'âge de trois mois, puis diminue ensuite pour disparaître vers l'âge d'un an. Il faut donc que la séparation ait lieu entre trois et six mois. Si le jeune singe est alors élevé dans un complet isolement, sans aucun contact avec des congénères, il présente bientôt des troubles graves du comportement qui brisent son développement et laissent en général des traces indélébiles. Ce modèle ressemble aux formes les plus graves des carences en soins maternels dans l'espèce humaine, mais ne constitue pas un modèle de dépression.

Par contre, dès 1962, Harlow et ses collaborateurs réalisèrent une expérience dans laquelle les jeunes macaques Rhésus étaient séparés, à l'âge de six mois et seulement pour trois semaines, de leur mère et de tous leurs congénères, mais tout en pouvant les voir et les entendre. Seul le contact physique était supprimé. Les résultats de cette étude montrèrent que les réponses des jeunes singes étaient comparables à celles observées dans la dépression anaclitique humaine. On retrouvait une phase de protestation active avec cris, agitation et efforts pour briser la paroi de Plexiglas qui les séparait de leur mère. La même réaction se retrouvait d'ailleurs chez celle-ci. A mesure que la séparation se prolongeait, la vocalisation et la recherche de contact visuel avec la mère diminuaient. Les activités libres se réduisaient à des stéréotypies. Les jeux appris disparaissaient. Dans l'ensemble, la motricité était réduite. Quand, au bout de trois semaines, le jeune singe était rendu à sa mère et à ses compagnons, ce comportement disparaissait immédiatement et le nombre des interactions entre le jeune et son entourage se révélait supérieur à ce qui était observé avant la séparation.

Cette première expérience fut suivie de nombreuses autres pratiquées dans le laboratoire de Harlow ainsi que dans d'autres laboratoires. Toutes confirmèrent les observations princeps mais avec des variations qui méritent quelques commentaires. Si, dans l'ensemble, le schéma en deux stades, protestation puis désespoir, est retrouvé, les résultats varient d'un singe à l'autre chez le macaque Rhésus. Certains ne présentent pas de phase de désespoir, d'autres, à l'inverse, ne retrouvent pas si rapidement leur comportement normal. En outre, le phénomène ne s'observe pas chez toutes les espèces de singes ni même parmi les différentes espèces de macaques. Est-ce à dire que ce modèle animal de dépression anaclitique n'est pas général, ce qui enlèverait une grande part de crédit à l'idée d'une réponse de base de l'organisme ? Il est possible que les protocoles expérimentaux n'aient pas été adaptés aux mœurs propres à chaque espèce. Il faut tenir compte en effet de la forme que revêt le lien entre la mère et son petit dans chaque espèce, afin de réaliser une privation significative. Il est également possible que l'on ne connaisse pas les formes que peut revêtir la réaction à la séparation dans le répertoire comportemental de ces espèces. Mais des expériences qui tiennent compte de ces risques d'erreurs tendent à conforter l'idée que le modèle animal de la dépression de séparation se retrouve, sous différentes formes, chez la plupart des primates.

Peut-on parler d'un modèle animal de dépression ? Au sens strict, il s'agit d'un modèle animal de séparation maternelle. Les expériences pratiquées montrent que les réactions varient en fonction de nombreuses variables : l'âge de la séparation, sa durée, la qualité des soins maternels avant, et la qualité de l'environnement au cours de la séparation. Mais, comme pour l'enfant humain, toutes ces variations n'excluent pas le fait que, pour certaines espèces et dans certaines conditions, la séparation crée un type de comportement qui correspond à un aspect de la maladie dépressive observable chez les humains adultes.

Il serait évidemment très intéressant de trouver d'autres situations que la séparation maternelle, entraînant la même altération comportementale. Certaines observations en milieu naturel ont montré des exemples de telles altérations après la perte d'un compagnon. On sait par ailleurs que le lien fraternel est très puissant chez les jeunes singes, qu'il s'établit à mesure que le lien avec la mère s'estompe et qu'il peut persister très longtemps, en tout cas durant toute la période de l'enfance et de l'adolescence, avant que ne soit achevée la maturation pubertaire. Malheureusement, les expériences menées jusqu'à présent n'ont pas donné de résultats très concluants. Dans certaines conditions, toutefois, en particulier lorsque le jeune singe est maintenu artificiellement dans le groupe familial restreint des parents et des frères et sœurs biologiques, on obtient fréquemment une réaction comportementale de type dépressif. La comparaison est d'autant mieux fondée que les médicaments antidépresseurs atténuent ou suppriment cette réaction.

On a également cherché à aggraver les conditions d'isolement pour favoriser la survenue de cette réaction. Si l'on place le jeune singe, après l'avoir séparé de son milieu familial, dans une cage qui restreint ses possibilités d'activité libre et de jeu, on observe que l'animal, après une période de lutte active durant laquelle il tente de fuir ou de briser la cage, renonce à tout effort et demeure prostré, indifférent à l'environnement. Lorsque l'animal est remis en compagnie de ses congénères habituels, il manifeste encore longtemps la même attitude de retrait, d'immobilisation et de désintérêt.

Il semble donc bien que la réaction « dépressive » ne dépende pas seulement de la séparation et de la privation du lien social. Elle est liée à l'impossibilité d'échapper à une situation pénible, à l'incapacité de pouvoir changer cette situation. On peut dire que l'animal, dans une telle situation, est sans moyen et sans espoir d'agir (*helpless* et *hopeless*). Ces données rejoignent certaines interprétations de la dépression humaine qui la font envisager comme un état dans lequel le sujet ne perçoit plus le lien entre ses actions et l'environnement, et ne trouve plus aucune raison d'agir pour modifier cet environnement. Plus rien ne viendrait inciter le sujet déprimé à agir ou à penser dans une direction déterminée. Il s'agirait donc bien d'une attitude active de retrait et de repli liée à la perception d'une situation sans issue. Subjectivement, le monde serait appréhendé comme terne et sans intérêt, et le moi comme incapable d'agir. La tristesse serait à la fois liée aux circonstances qui ont créé cette situation sans issue et secondaire à l'expérience d'impuissance.

Ce modèle dont les expériences de séparation ne constituent plus qu'un cas particulier a pu être reproduit expérimentalement selon différentes procédures. La plus connue est celle proposée par Seligman et son groupe sous le nom d'impuissance apprise *(learned helplessness)*. Comme pour les expériences de séparation, il ne s'agit pas là de considérer le comportement étudié comme équivalent de la maladie dépressive humaine, mais de rapprocher ce comportement d'un aspect du comportement dépressif et de déduire de cette ressemblance une explication du mécanisme dépressif. Le terme d'impuissance apprise définit ce qui survient quand on tente de développer l'apprentissage d'un comportement de fuite et d'évitement vis-à-vis d'un stimulus aversif, chez un animal qui a été préalablement exposé à une expérience pénible sur laquelle il était sans prise.

Quand un chien, qui n'a subi aucun entraînement préalable, est mis dans une cage à double compartiment et subit un choc électrique, il cherche avec fébrilité à échapper à l'excitation électrique et finit par sauter par-dessus la barrière et par rejoindre l'autre compartiment. A l'essai suivant, le chien trouve plus rapidement la barrière. Finalement, après quelques essais, il bondit dans le second compartiment dès que l'expérimentation commence. Tout ceci est fort banal et le renforcement d'un comportement de fuite dans une telle situation rejoint l'observation la plus commune de l'adaptation du chien à son milieu naturel.

Mais lorsque le chien a été précédemment soumis à des stimulations électriques alors qu'il était immobilisé et contraint de subir passivement le stimulus pénible, le comportement est très différent. Placé dans la cage aux deux compartiments et soumis dans l'un d'eux à une stimulation électrique, l'animal commence à chercher à fuir, puis s'immobilise, s'assied ou se couche, gémissant doucement jusqu'à la fin de la stimulation électrique. Il ne franchit pas la barrière et ne cherche pas à échapper au choc. La répétition des expériences ne change rien. Le chien, à chaque épreuve, se comporte de manière identique. Aucun apprentissage ne s'établit. En effet, il arrive qu'occasionnellement il franchisse la barrière, mais il ne tire aucun parti de cette réussite, et lors des épreuves suivantes, il ne reproduit pas le comportement de fuite.

Ici encore, des variations s'observent. Sur 150 chiens qui avaient été soumis préalablement à l'exposition passive au choc électrique, les deux tiers présentaient le comportement d'apathie et d'immobilité, un tiers présentaient un comportement normal. 6 % seulement des animaux témoins présentaient le comportement « pathologique ».

Le « désespoir appris » est donc caractérisé par deux traits : les animaux ne réussissent pas à réaliser le comportement ou ne le réalisent que faiblement ; s'ils l'ont réalisé, ils ont plus de difficulté à consolider l'apprentissage que les animaux témoins.

Ce type d'expérience a été répété selon différentes procédures parmi de nombreuses espèces animales, avec des résultats assez constants. On a même adapté l'épreuve chez l'homme, en soumettant au préalable les sujets volontaires à une exposition prolongée à un bruit pénible. Les résultats furent identiques.

Dans quelle mesure ce comportement d'impuissance apprise se rapproche-t-il de la dépression ? On retrouve évidemment la question posée à propos des expériences de séparation. Les expériences chez l'homme ont montré que les sujets déprimés donnaient constamment une réponse pathologique. On n'observait pas chez eux la différence entre sujets exposés passivement au stimulus pénible et sujets témoins dans leur réponse à la deuxième partie de l'épreuve. En outre, chez les animaux sacrifiés à la fin de l'expérience, on observe une baisse du taux central de noradrénaline. Enfin, les médicaments antidépresseurs atténuent le phénomène. On a pu, sur cette base, proposer de véritables tests de l'action des antidépresseurs en utilisant une situation dans laquelle des rats ne peuvent se dégager d'un plan d'eau où ils sont immergés. La réaction d'impuissance diminue chez les animaux préalablement traités par les antidépresseurs (Porsolt[1]). Il y a donc une forte probabilité pour que la réaction d'impuissance soit en effet une composante de la dépression.

Certaines réserves doivent pourtant être faites. C'est à nouveau la comparaison entre comportement animal et humain que l'on peut discuter. Sur le fond, rien n'interdit d'accepter avec prudence l'idée que des prototypes de dépression puissent s'inscrire dans le répertoire comportemental de différentes espèces. Mais une objection apparaît : ces expérimentations, tant chez l'animal que chez l'homme, et contrairement aux observations de Harlow, portent sur des comportements simples provoqués par des situations artificielles. Elles mettent le sujet dans un environnement délibérément réduit à des conditions faciles à mesurer, mais très différentes d'une situation naturelle. On ne peut assimiler l'impuissance apprise à la dépression. On peut seulement inférer que dans l'ensemble complexe que réalise la conduite dépressive, intervient un mécanisme élémentaire qu'isole artificiellement le dispositif expérimental.

Dépression animale, dépression humaine

Si l'on retient ces réserves, il convient donc d'interpréter, à la lumière de la clinique, le rôle

1. R. D. Porsolt, A. Bertin, M. Jalfre (1977) « Behavioural despairs in mice : a primary screening test for antidepressants », *Arch. Int. Pharmacodyn. Ther.*, 229, 327-336.

possible d'un tel mécanisme. Revenons un instant sur le terme d'impuissance apprise. Il signifie que, dans certaines conditions, le déprimé peut développer une attitude de passivité qui l'empêche de s'adapter à des situations qui, normalement, incitent l'organisme à trouver, dans son répertoire comportemental habituel, une réponse à ces situations et à renforcer cette réponse chaque fois que ces situations se produisent. L'absence d'apprentissage n'est que la conséquence d'une attitude active d'immobilité et de repli passif. Le paradoxe de la dépression serait de réaliser une réaction de passivité comme expression active de fermeture aux incitations extérieures. L'idée maîtresse qui se dégage de l'ensemble de ces données expérimentales est donc bien que la dépression n'est pas un accident, mais une réponse active à une situation « impossible », une réaction de catastrophe à des événements pour lesquels le répertoire habituel des conduites fait défaut.

On peut sans difficulté accepter l'idée que cette réaction, présente dans la dépression humaine, a des origines phylogénétiques lointaines et que l'homme partage avec de nombreuses autres espèces animales cette disposition particulière. Mais l'identité d'origine ne doit pas faire méconnaître les différences. Chez l'animal, qu'il s'agisse des expériences de séparation ou de l'impuissance apprise, la réponse « pathologique » est de courte durée. L'animal séparé retrouve rapidement un comportement normal avec ses congénères. L'impuissance apprise disparaît très vite lorsque l'animal n'est plus exposé passivement au stimulus pénible. Il ne s'agit pas d'une maladie acquise, mais bien d'une réponse transitoire à une situation d'exception. Chez l'homme, au contraire, dans la maladie dépressive, la réaction se poursuit et c'est l'irréversibilité du processus qui signe son caractère pathologique. Les causes de cette irréversibilité ne sont pas connues avec précision. Faut-il invoquer le fait que la situation qui provoque la réaction d'impuissance n'est pas seulement externe, mais organisée dans l'appareil psychique comme un ensemble complexe de sentiments, de souvenirs et d'attitudes envers soi-même qui entretient le phénomène ? Faut-il l'expliquer par une déficience neurophysiologique qui amplifie la réaction et la maintient en permanence ? Les deux hypothèses ne sont pas incompatibles. Nous retrouvons là le dualisme entre mécanismes psychologiques de réalisation et mécanismes neurophysiologiques de production. Mais la conclusion demeure : ce que nous appelons maladie ou altération d'une fonction chez l'homme correspond à une attitude élémentaire que nous partageons avec d'autres espèces. Le pathologique tient à sa trop grande facilité de survenue et à sa relative irréversibilité.

Une seconde différence vient de nous apparaître. Chez l'animal, la réponse que nous qualifions de dépressive est en rapport avec une situation extérieure. Chez l'homme, nous savons que cette réponse n'est pas seulement liée à des événements réels précis, mais qu'elle dépend de toute l'organisation de la vie mentale. En réalité, nous ne savons rien de cette organisation chez l'animal, et c'est l'observateur qui décide de s'en tenir à l'étude des conditions extérieures. Mais comment passer, chez l'homme, de l'expérimentation à la compréhension clinique, du désespoir appris au « vécu » dépressif ? Le danger serait évidemment de réduire une organisation mentale complexe à une réaction élémentaire. Si la maladie dépressive représente la forme amplifiée d'une attitude fondamentale, elle ne peut être identifiée, tout simplement, à cette attitude.

Il est d'abord surprenant qu'à l'exception de la dépression anaclitique du nourrisson, l'on n'observe pas chez l'homme de réponse « dépressive » normale qui correspondrait, par exemple, à l'expérimentation chez l'animal. On peut toutefois se demander si, dans certaines circonstances éprouvantes, il n'existe pas, durant quelques heures, une réaction analogue. L'état initial provoqué par la perte d'un être cher ne s'accompagne pas seulement de tristesse, mais d'un profond abattement et d'un désintérêt généralisé. Nous subissons le choc douloureux sans lutter. Mais, au bout de quelques jours ou de quelques mois, la vie « reprend ses droits » et les stimulations habituelles qui sont normalement une source de plaisir ou de déplaisir redeviennent l'aiguillon de l'activité.

En réalité, ce modèle qui ne prend en compte que l'aspect extérieur de l'événement n'explique pas tout. Dans l'expérience du deuil, par exemple, le type de travail mental accompli aura des conséquences sur la persistance ou sur la levée du pouvoir « inhibiteur » sur l'activité du sujet. Si le sujet fuit l'affrontement douloureux avec l'expérience de la perte, en raison par exemple de sentiments très ambivalents éprouvés pour l'objet perdu, cet objet devient alors inconsciemment une source intérieure de haine de soi et de culpabilité qui interdit tout plaisir et entretient en permanence l'absence d'incitations à vivre, à retrouver ses plaisirs et à combattre ses peines. Si, au contraire, le sujet « réalise », dans un authentique travail de deuil, la disparition de l'objet dans la réalité, il l'intériorise dans un ensemble de souvenirs et de sentiments qui en font un compagnon aimé et estimé, mais aussi un compagnon qui aime et estime le sujet lui-même ; alors tout est en place pour que les événements de l'existence redeviennent des stimulants de l'action, sources normales de satisfactions et de peine. Cet exemple parmi bien d'autres nous fait voir que les conditions de survenue d'une réponse dépressive ne tiennent pas à la matérialité de l'événement (sauf peut-être dans des situations très traumatiques, et pour une durée limitée). Dans ce que l'on peut appeler la psychologie dépressive, il faut considérer l'ensemble des opérations mentales qui contribuent à forger les conditions propres à la survenue de la réponse, celle-ci étant marquée par la suspension de toute incitation à agir. La dépression ne coïncide pas avec la tristesse. Elle survient quand l'expérience douloureuse provoque cette suspension d'incitation. Il y a de grandes douleurs morales sans réponse dépressive.

Mais, en contrepartie, il existe des réponses dépressives sans cause, des réponses « à vide ». Ce que nous appelons dépression endogène, pour laquelle nous invoquons surtout le rôle du terrain biologique, mais aussi les dépressions secondaires à la prise d'un médicament qui agit sur les neurotransmetteurs, constituent des exemples d'une réponse dépressive survenant sans raison psychologique. En réalité, il est difficile d'affirmer qu'il n'existe pas ici d'événement provocateur. Ne sommes-nous pas exposés en permanence à de tels événements ?

Ces réponses dépressives « à vide » sont souvent, dans leurs formes mineures, caractérisées par un simple état d'apathie et de fatigue ; il s'agit bien alors de l'absence d'incitation à agir, du défaut de « réactivité » aux événements de la vie qui constitue d'ailleurs une expérience pénible. Plus troublants sont les cas de dépression « endogène » qui s'accompagnent d'une vive douleur morale. A une époque où les maladies se définissaient par leurs formes accusées, la mélancolie apparaissait comme le type de la dépression endogène. L'importance de la souffrance et des idées tristes qui la caractérisent justifiait que l'on ait fait de ces symptômes l'explication même de la maladie. Il est en effet difficile d'expliquer l'intensité de ces symptômes dans le cadre théorique de la réponse dépressive. Que se passe-t-il lorsque la survenue brusque et inopinée d'une réaction-dépressive s'accompagne d'une perturbation grave de l'ensemble de la vie mentale ? Dans l'hypothèse de la dépression-maladie, la question ne se posait pas, car c'était cette pathologie complexe qui constituait le prototype de la dépression ; mais si l'on inverse la perspective, la réponse devient plus difficile.

On peut encore comprendre que l'intensité de la réponse dépressive puisse réaliser un état de stupeur ou d'agitation anxieuse. La gravité du tableau clinique n'ajoute rien aux éléments habituels de la réponse dépressive, elle accentue leur expression. Par contre, lorsque la douleur morale revêt la forme d'un pessimisme extrême, d'un sentiment d'indignité ou de ruine matérielle et morale, lorsque apparaissent de véritables idées délirantes, qu'il s'agisse d'accusations absurdes dirigées contre soi ou contre les autres, on a peine à les considérer comme la simple exaspération du sentiment d'impuissance et de l'inhibition propres à la réponse dépressive.

En termes de mécanisme neurophysiologique, on a incriminé une perturbation associée d'autres structures nerveuses, les voies dont la transmission synaptique s'effectue grâce à une catécholamine voisine mais différente de la noradrénaline, la dopamine. Le seul argument à l'appui de cette hypothèse est l'action favorable d'une autre classe de médicaments, les neuroleptiques, qui ont une action antagoniste sur la transmission synaptique dopaminergique. Mais on retrouve ici la question maintes fois soulevée de savoir si l'on explique ainsi la cause du phénomène ou simplement son mode de production.

Peut-être pourrait-on trouver une explication psychologique dans la personnalité de ces sujets ? De nombreux travaux ont en effet porté sur l'étude de leur caractère en dehors des accès dépressifs. Des descriptions très précises ont même été proposées. Ce qui semble le plus caractéristique, c'est, nous l'avons vu, leur haut degré du sens des responsabilités, leur caractère consciencieux à l'extrême et, de manière moins démonstrative, une importante composante agressive masquée. Mais ces traits sont d'une assez grande banalité, et même en admettant qu'il s'agisse d'un type de caractère très significativement rencontré chez les sujets présentant des états mélancoliques périodiques, il resterait à démontrer qu'il explique l'éclosion de la composante intra-punitive ou persécutive lors de ces états.

Faire le mort

Tout changement de théorie implique que la nouvelle ait une plus grande force d'explication sur l'ensemble des phénomènes observés et qu'elle offre une voie féconde pour rechercher l'explication de ceux qu'elle laisse dans l'ombre. La théorie de la réponse dépressive a pour elle d'expliquer aisément le continuum entre le normal et le « pathologique », la fonction adaptative de la réponse normale, les liens avec des phénomènes observés chez d'autres espèces et qui sont sensibles à l'action des médicaments antidépresseurs, la pluralité et l'intrication étroite des causes physiques et morales. Il reste à préciser si elle ouvre la voie à des recherches neuves sur les composantes agressives et délirantes des formes graves.

La substitution de la notion de réponse dépressive à celle de dépression-maladie contredit-elle la notion de trouble primaire de l'humeur ? Il est difficile de trancher, car cette notion d'humeur est bien imprécise. La perte de l'incitation à agir et le sentiment d'impuissance peuvent certes être considérés comme des troubles de l'humeur. Or les deux caractéristiques fondamentales de la nouvelle théorie sont que ce type de dérèglement n'est pas une altération d'un état affectif, mais l'amplification d'une réponse comportementale naturelle, et que la tristesse n'est pas le facteur qui explique cette réponse. Les signes de la dépression ne sont pas les expressions de la tristesse. Ils témoignent d'une attitude de figement qui s'accompagne de tristesse.

En prêtant une attention peut-être excessive à la tristesse, on a méconnu l'importance de tous les traits qui caractérisent le figement dépressif. C'est un ralentissement général de l'activité qui marque cette perte de l'incitation à l'action. Mais le terme de ralentissement ou celui d'inhibition psychomotrice demeurent des abstractions. Ce que l'on observe, ce sont des actions lentes, plus lentes que celles qui se voient habituellement. Elles ont des expressions motrices, verbales et mentales.

Bien entendu, le ralentissement varie d'un cas à l'autre. Chez certains, il prend le masque d'un véritable état de stupeur. Chez d'autres, il demeure discret, s'exprimant par une simple fatigue, une perte d'énergie, un manque de volonté. Il faut alors connaître le tonus habituel du sujet pour mesurer l'importance du ralentissement. Ce sont souvent les proches qui sont les meilleurs juges et qui peuvent témoigner de son importance. Chez le même sujet, il varie également d'un moment à l'autre. Plus marqué le matin, au réveil, il s'atténue au cours de la journée. De même, il s'atténue lorsque le sujet est stimulé : très marqué au début d'un entretien, il diminue au fur et à mesure que celui-ci se poursuit. Ainsi le déprimé donne-t-il le change à l'occasion d'une conversation, d'une réunion avec des proches. C'est lorsqu'il se retrouve seul que l'inhibition le gagne à nouveau. Enfin, le ralentissement n'affecte pas également l'ensemble du comportement. Chez certains déprimés, le ralentissement prédomine sur la motricité et la mimique. Chez d'autres, surtout lorsque l'anxiété est importante, une certaine agitation peut masquer le ralentissement moteur. Seules demeurent la perte des incitations mentales et la rumination de pensée.

Le ralentissement idéo-moteur correspond bien à la réponse de figement. Les réactions rapides aux stimulations de l'environnement et aux excitations internes, aux images et aux sentiments, disparaissent. C'est cette perte des incitations normales qui altère la sensibilité à l'événement et donne à l'observateur, comme au sujet lui-même, cette impression de figement.

Cette composante de la symptomatologie dépressive est connue depuis toujours. Elle appartient aux premières descriptions de la maladie. Et les états de stupeur ont longtemps été considérés comme la forme caractéristique de la mélancolie.

Les psychologues, à la suite de Darwin, ont opposé la tristesse passive (et dépressive) à la tristesse agitée de l'anxiété. Georges Dumas, résumant le point de vue de William James qui mettait l'accent sur le rôle des manifestations périphériques des émotions, a pu écrire : « La mélancolie n'existe pas comme entité et, quelle que soit son origine, psychogène ou organique, dans les deux cas, les phénomènes moteurs précèdent l'état sensitif, et la mélancolie n'est jamais que l'état de la conscience du corps. » Il ajoutait : « Il faut dire : j'ai perdu l'un des miens, je suis abattu, je suis triste. »

Cette priorité de la réponse « motrice » dans la dépression a été quelque peu oubliée par la suite. Revenant à l'intuition du sens commun, on a inversé les termes et considéré l'abattement comme la conséquence logique de la tristesse. Les premiers travaux psychanalytiques ont également mis l'accent sur la psychologie dépressive plus que sur la nature de cette réponse.

Ce n'est que plus récemment que l'importance du ralentissement moteur et idéique a été progressivement reconnue. Ceci est dû en grande partie aux médicaments antidépresseurs. On s'est en effet aperçu assez vite qu'ils avaient une action plus rapide sur l'inhibition psychomotrice que sur la douleur morale, et il est devenu classique de dire qu'un moment dangereux, au regard des risques de suicide, est celui où les antidépresseurs ont déjà eu un effet désinhibiteur sans pour autant avoir encore allégé la tristesse et le désespoir. De même, on sait que les antidépresseurs sont particulièrement efficaces dans des formes où la fatigue ne s'accompagne pas de douleur morale, alors qu'ils sont sans effet sur la tristesse si celle-ci ne s'accompagne d'une certaine inhibition. Ce ne sont pas des « euphorisants » ni des « analgésiques », mais des désinhibiteurs. Des travaux plus systématiques ont utilisé des échelles qui permettent une évaluation quantitative des symptômes, et des analyses statistiques qui mesurent le degré de corrélation entre les différents symptômes et entre symptômes et résultats thérapeutiques. Ces travaux montrent que le ralentissement est en effet un des meilleurs prédicteurs de l'action des médicaments, supérieur en cela à la tristesse.

Bien entendu, ces vues ont été renforcées par l'étude de la dépression anaclitique du jeune enfant, dans laquelle le ralentissement psychomoteur est au premier plan. Elles sont venues étayer les études de séparation chez les primates et les expériences sur le désespoir appris. Nous avons vu que le figement de l'activité constituait l'élément commun de toutes ces observations.

On s'est efforcé de mesurer objectivement le ralentissement en s'adressant principalement à ses expressions verbales et motrices. Les mesures du débit verbal, du temps de pause après chaque émission verbale, l'enregistrement électrique de l'activité des muscles du visage, l'usage d'un appareil enregistreur des mouvements spontanés ont donné lieu à des comparaisons avant et après traitement antidépresseur, qui permettent d'établir une quantification objective de l'effet thérapeutique. Dans le domaine de l'activité mentale, les recherches sont moins avancées. Il semble que ce soient les épreuves simples et automatiques, celles qui utilisent une simple coordination entre l'œil et la main, qui se révèlent les plus sensibles, alors que les tâches intellectuelles complexes sont moins perturbées. Nous avons mis au point, à l'hôpital de la Salpêtrière, une échelle qui permet de donner une appréciation quantitative des différentes manifestations du ralentissement [1]. Mais cette échelle perdra son intérêt lorsqu'on pourra disposer d'un ensemble d'épreuves objectives simples permettant de mesurer avec précision l'ensemble de ces manifestations.

L'intérêt que l'on accorde au ralentissement psychomoteur tient en fait à celui que l'on porte à la notion de réponse dépressive. Cette dernière ne s'explique ni par la logique du sens ni par celle des mobiles inconscients qui n'est, en définitive, que son prolongement. Elle ne coïncide pas davantage avec celle de la maladie. Elle en constitue, d'une certaine manière, l'opposé. La logique de la maladie relève d'un modèle médical classique. Celle de la réponse dépressive s'inspire de la psychologie et de la comparaison avec le comportement normal. Les logiques du sens, conscient ou inconscient, de l'expérience dépressive ne voient dans les symptômes que l'expression légitime de cette expérience. La dépression, en tant que réponse, n'est pas dans un rapport compréhensible avec l'ensemble de l'expérience. Elle sur-

1. *Le ralentissement dépressif*, sous la direction de D. Widlöcher, PUF, Paris, 1983.

vient comme un dispositif comportemental inné qui s'impose au sujet lorsque les circonstances l'appellent ou lorsqu'une prédisposition neurobiologique s'y prête. Quand les facteurs neurobiologiques dominent, elle apparaît plutôt comme un état maladif qui envahit la vie mentale, bien que l'esprit ait tôt fait d'intégrer cet état à sa subjectivité. Il en légitime après coup le bien-fondé et ses effets deviennent source d'un sentiment de faiblesse ou d'indignité qui nourrit une culpabilité pathologique. Mais, lorsque la réponse dépressive est provoquée par les circonstances, qu'il s'agisse d'un moment douloureux de l'existence ou des conséquences d'un « mal à vivre » permanent, le déprimé n'établit plus de différence entre ces circonstances déclenchantes et la réponse. Cette dernière lui paraît en connexion logique avec les événements ou l'état mental qui l'a provoquée. C'est pour cette raison qu'il lui répugne de penser que l'on puisse traiter son état par des médicaments, alors qu'il perçoit bien les circonstances qui l'ont engendré.

Il est souvent difficile de persuader le déprimé qu'il existe une différence de nature entre la souffrance psychique et la réponse dépressive. Cette différence s'observe pourtant bien lorsqu'on constate les effets et les limites des psychothérapies. Certaines d'entre elles, en particulier la psychanalyse et les méthodes qui s'en inspirent, ont pour but d'aider le déprimé à prendre conscience des mécanismes psychiques inconscients qui provoquent ou entretiennent la souffrance mentale qu'il éprouve. Elles reposent sur la logique du sens inconscient. Elles aident le sujet à prendre conscience de l'attachement à un objet, du mélange de haine et d'amour qu'il lui porte, de la manière dont il a intériorisé cet objet, du poids du narcissisme, toutes attitudes qui, lorsqu'elles sont devenue tolérables pour le moi, lui permettent de s'en dégager. Ces thérapeutiques sont préventives. Elles peuvent empêcher la survenue de la dépression en modifiant l'état mental susceptible de la provoquer. Mais lorsque la réponse dépressive s'est établie, elles sont de moindre effet. Le ralentissement psychique fait obstacle au travail mental de la psychanalyse. La réponse dépressive évolue pour son propre compte, sauf dans les cas heureux où le sujet déprimé arrive à s'en dégager à temps. Car cette réponse n'est pas interprétable comme les autres manifestations de la « psychologie dépressive » qui sont l'expression de conflits et de désirs inconscients.

Mais l'inertie de la réponse dépressive explique également les résultats assez décevants que l'on observe avec les thérapies qui tentent d'agir directement sur elle. On ne guérit pas la dépression humaine aussi facilement que l'on répare celle du petit singe séparé de sa mère ou du malheureux chien soumis à l'expérience du désespoir appris. Cela tient en partie au fait que, dans de nombreux cas, la réponse dépressive est entretenue par les circonstances psychologiques externes et internes qui l'ont provoquée. Il n'est pas étonnant que les meilleurs résultats d'expérience de déconditionnement, qui tentent de redonner force aux incitations positives pour lutter contre la réponse dépressive, aient été obtenus dans des dépressions endogènes mineures. Car dans ces dépressions, les facteurs psychologiques déclenchants sont, sinon absents, du moins de faible portée, et le mécanisme de la réponse dépressive partiellement réversible. Cette notion de réversibilité montre bien l'écart qui subsiste entre les comportements « dépressifs » provoqués expérimentalement chez l'animal et le caractère pathologique que revêt chez l'homme la réponse dépressive. Il resterait à expliquer les raisons de cet écart. Outre les différences qui tiennent à la complexité de l'activité mentale chez l'homme et à la manière dont il intègre la réponse dépressive dans l'ensemble de son fonctionnement mental, il faut peut-être tenir compte d'un facteur génétique. Échappant à la sélection impitoyable qui protège les espèces animales, l'humanité a su préserver le sort des individus et assurer leur descendance en rendant plus vulnérable leur patrimoine génétique. La dépression n'est sans doute qu'un cas particulier de cet affaiblissement du patrimoine génétique.

Si l'on considère l'ensemble des activités mentales qui contribuent à organiser l'expérience dépressive, la réponse dépressive ne saurait certes les résumer. Elle n'explique ni le jeu des ambivalences affectives, ni le poids des fixations narcissiques, ni les conséquences effectives du deuil et du renoncement. Elle permet peut-être d'isoler plus clairement, au sein des souffrances morales si diverses qui affectent l'être humain, une forme de réaction marquée par le repli, l'abandon de toute lutte, la soumission passive et involontaire, le figement de l'action. Elle correspond sans doute à des mécanismes neurobiologiques assez élémentaires, ce qui permet d'expliquer pourquoi les médications chimiques se révèlent si efficaces.

Conclusion

Lorsqu'on porte intérêt à ce qu'il est convenu d'appeler un trouble mental, le mouvement premier consiste à s'interroger sur les raisons de cette anomalie. Notre société admet difficilement les différences individuelles. Une conclusion pratique serait de les nier. Une autre est de les expliquer et de se donner les moyens de les atténuer. Dans le domaine de la pathologie mentale, la première démarche inspire tout le mouvement contemporain de l'antipsychiatrie. Or la dépression n'a guère retenu l'attention de ce mouvement, sans doute parce qu'elle est à la fois trop compréhensible, trop légitime (ce que l'antipsychiatrie cherche à démontrer pour les autres troubles), et trop évidemment liée à une anomalie de l'activité cérébrale (ce qui interdit de n'envisager qu'une pure sociogénèse). La seconde démarche est au cœur des préoccupations de notre société. S'il faut bien reconnaître une différence entre l'état dépressif et tout autre état mental, il devient nécessaire de l'expliquer, donc d'en rechercher les causes et d'en préciser les mécanismes. Pourquoi est-on déprimé ? C'est la question à laquelle nous avons tenté de répondre en montrant que les différentes explications appartenaient à des systèmes de causalité différents.

Mais il est une autre manière d'envisager la dépression, comme d'ailleurs tout trouble mental, et, plus largement, n'importe quel trait du caractère, n'importe quelle habitude de comportement. C'est de la considérer non plus dans une perspective différentielle, mais comme un événement qui naît, se développe et disparaît. A la question « Pourquoi est-on déprimé ? », on substituerait les questions suivantes : « Comment devient-on déprimé ? », « Comment le demeure-t-on ? », « Comment guérit-on ? ». On se demande toujours pourquoi les individus sont différents, mais on s'interroge moins souvent sur le fait qu'ils se transforment ou demeurent les mêmes. La psychologie a pour tâche de découvrir les mécanismes et les lois qui expliquent la transformation et l'identité des personnes, c'est-à-dire les dispositions à agir qui les caractérisent. Or, à cet égard, la dépression constitue un modèle privilégié dans la mesure où une période d'observation assez courte nous permet de constater comment l'état dépressif vient transformer la personne, comment il résiste au changement, puis comment il se modifie et disparaît. Au point de vue différentiel qui s'efforce d'expliquer l'écart entre le pathologique et le normal, on substitue le point de vue « transformiste » qui tente d'expliquer les mécanismes de changement et de résistance au changement.

Le clinicien est d'ailleurs familier avec ce schéma. La question du normal et du pathologi-

clinique doit faire feu de tout bois et recourir à des explications multiples. C'est en termes de changement et de résistance au changement que cette synthèse peut être réalisée.

Les progrès de la recherche nécessitent une toute autre démarche. Elle n'est pas interdite au clinicien, bien au contraire ; mais quand le clinicien devient chercheur, il doit changer de raisonnement. C'est aux failles de son système de connaissances qu'il doit porter intérêt. A la stratégie du moindre risque, il substitue celle de l'expérience cruciale ; à la théorie générale, l'hypothèse réfutable. Et, surtout, il doit renoncer à combiner des explications qui ne se situent pas sur le même plan logique. La recherche est délibérément réductrice dans la mesure où elle nous contraint à nous situer sur un plan particulier et à nous y maintenir. Mais ce caractère réducteur n'est qu'une précaution de méthode si l'on reconnaît que d'autres plans d'analyse sont possibles. Le « réductionnisme » apparaît quand cette pluralité n'est plus reconnue. Or, précisément, l'étude de la dépression comme processus de changement psychique rend particulièrement sensible le rapport entre les différents plans.

Une première distinction nous a paru fondamentale. C'est celle entre l'explication neurophysiologique et la signification personnelle et historique de la dépression. Nous avons vu que la notion de réponse dépressive permettait de rapprocher ces deux points de vue. Se figer, faire le mort, dans une situation que l'on juge fermée à tout espoir, nécessite un état particulier du cerveau que les médicaments peuvent modifier. La manière dont le comportement dépressif se transforme sous traitement montre bien que comportement et état neurophysiologique constituent une même réalité, le même événement dans la vie du sujet. Doit-on pour autant réduire l'aspect psychologique de cet événement à la simple expression de l'état neurophysiologique qui serait tenu pour l'événement lui-même ? Imaginons que nous connaissions parfaitement l'état du cerveau à cet instant, pourrions-nous y lire la signification du comportement qu'il exécute ? Il nous faudrait tout d'abord relever toutes les informations, et, à une description simple de l'événement psychologique, substituer celle d'un ensemble, à la limite infinie, d'événements chimiques, électriques, et plus élémentaires encore ! Mais passons outre au coût fantastique que représenterait cette transposition de langage. On peut se demander si pareille transposition serait en soi licite. N'y a-t-il pas dans cette réduction à l'élémentaire une perte d'information ?

Le codage cérébral qui porte à la fois sur la perception de la situation et la production de la réponse dépressive n'a de sens que par rapport à cette situation et à cette réponse. C'est par référence à l'explication psychologique que nous décrivons le mécanisme physiologique. Etre déprimé ne se comprend que par référence à un ensemble de codes biologiques et sociaux qui règlent les interactions sociales. Etre déprimé exprime un retrait, mais ce retrait ne se conçoit que par rapport aux liens qui organisent notre vie sociale et mentale. Sans doute le système nerveux conserve-t-il les traces de cet ensemble d'événements. Mais les lois qui ont déterminé et règlent encore leur organisation tiennent à un ordre social, à des systèmes de communication et d'échanges affectifs qui donnent sens à la condition individuelle. Le cerveau a pour tâche de recueillir les informations, mais les « programmes » qui organisent ces informations lui sont imposés de l'extérieur. Le comportement dépressif ne peut donc pas seulement être envisagé en fonction de l'état du cerveau, mais ce dernier permet la production d'une conduite qui est intelligible en fonction des déterminations psychosociales. Le chercheur ne peut étudier à la fois les deux systèmes, mais il doit reconnaître leur existence. A côté d'une approche neurophysiologique de la dépression, l'étude psychologique et même sociologique demeure indispensable.

Mais une seconde distinction nous est apparue ici nécessaire. L'événement extérieur et la situation sociale qui, dans de nombreux cas, jouent un rôle déclenchant, constituent à la fois une réalité objective, extérieure au sujet, et une réalité subjective, intérieure à lui. Envisagée comme une cause, historique et sociale, la réalité objective apparaît comme un antécédent irréversible. Elle ne peut appeler que des mesures préventives. Envisagée comme une expérience subjective, elle constitue une réalité psychologique toujours vivante dans l'activité mentale du sujet. Peut-on agir sur elle en aidant le sujet à s'en dégager ? C'est le but des psychothérapies. Toute réponse à cette question dépend du poids respectif des contraintes neurophysiologiques et psychologiques sur la persistance de l'état dépressif. Aussi longtemps que nous nous intéressons surtout aux formes graves de dépression, il semble que l'altération neurophysiologique joue le rôle principal. Mais il n'est pas sûr qu'il en soit de même pour les formes mineures, plus aisément réversibles. Ce problème de la réversibilité spontanée – ou grâce à des interactions psychologiques – de ces formes mineures constitue un champ d'investigation encore à peine défriché.

Enfin, quelle valeur accorder à la distinction entre la réponse dépressive de base et l'ensemble des traits psychologiques, variables d'un individu à l'autre, qui constituent la personnalité du déprimé ? En réalité, cette réponse s'individualise selon des critères très variés. D'un point de vue clinique, c'est l'ensemble des traits ou une partie des traits retrouvés dans tout état dépressif ; d'un point de vue comparatif, c'est une réponse innée et sans doute commune à l'homme et à d'autres espèces animales ; d'un point de vue neurobiologique, c'est l'ensemble des traits qui semblent directement liés aux mécanismes cérébraux sur lesquels agissent les médicaments antidépresseurs actuellement connus. Or, il n'est pas certain que ces trois définitions coïncident exactement. Ici encore, de nouvelles recherches sont nécessaires.

Il serait d'ailleurs inexact d'établir une distinction trop absolue entre réponse de base et « psychologie » dépressive. La réponse n'est pas une conduite nouvelle venant s'ajouter ou se substituer à celles qui font le lit de la dépression. Le terme de réponse est à cet égard équivoque. La réponse est indissociable de l'appréhension de la situation. Se figer, c'est une attitude qui simule la mort et réalise déjà une sorte de mort psychique ; c'est, en même temps, mesurer, à tort ou à raison, que les conditions de l'existence ne sont plus acceptables et ne permettent plus aucune autre forme de lutte. C'est donc l'ensemble des opérations mentales « dépressiogènes », l'anxiété, l'agressivité, la blessure narcissique, l'expérience de perte, qui se transforment en cette attitude « compacte » que représente la réponse dépressive. Il s'agit d'une prise en masse d'un ensemble d'activités mentales. Tout au long de l'existence, dans de nombreuses circonstances, ces pensées « dépressiogènes » se développent et se dissolvent spontanément. Le risque de dépression survient quand cette prise en masse se réalise. C'est ici qu'interviennent les facteurs physiologiques et psychologiques. Connaître ces contraintes, détecter à temps le risque, apprendre à maîtriser psychologiquement le jeu permanent des pensées dépressiogènes, ce ne sont pas là seulement des thèmes de recherche. Il appartient à chacun de connaître en soi-même l'existence de ces forces et d'en apprécier la mesure.

Table des matières

LE TEMPS DES SCIENCES

Claude ALLÈGRE, *L'Écume de la Terre.*
Claude ALLÈGRE, *Économiser la planète.*
Claude ALLÈGRE, *Introduction à une Histoire naturelle.*
Jacques ARSAC, *La Science et le sens de la vie.*
Jean-Pierre CHANGEUX, *L'Homme neuronal.*
Gilles COHEN-TANNOUDJI et Michel SPIRO, *La Matière espace-temps. La logique des particules élémentaires.*
Yves COPPENS, *Le Singe, l'Afrique et l'homme.*
Antoine DANCHIN, *L'Œuf et la poule. Histoire du code génétique.*
Jean-Pierre DIGARD, *L'Homme et les animaux domestiques. Anthropologie d'une passion.*
Pierre DOUZOU, *Le Chaud et le froid. Les conflits du vivant.*
Pierre DOUZOU, *Les Bricoleurs du septième jour.*
Pierre DOUZOU, *Nouveaux Regards entomologiques.*
John C. ECCLES, *Évolutions du cerveau et création de la conscience.*
Bernard D'ESPAGNAT et Étienne KLEIN, *Regards sur la matière. Des quanta et des choses.*
Bernard D'ESPAGNAT, *Le Réel voilé.*
Alain FOUCAULT, *Climat. Histoire et avenir du milieu terrestre.*
Stephen Jay GOULD, *Quand les poules auront des dents. Réflexions sur l'histoire naturelle.*
Claude HAGÈGE, *L'Homme de paroles.*
Émile HÉNOCQ, *Un mal étrange : l'allergie.*
François JACOB, *Le Jeu des possibles. Essai sur la diversité du vivant.*
Marc JEANNEROD, *Le Cerveau-machine. Physiologie de la volonté.*
Ervin LASZLO, *Aux racines de l'univers.*
André LEROI-GOURHAN, *Mécanique vivante. Le crâne des vertébrés, du poisson à l'homme.*
André LEROI-GOURHAN, *Le Fil du temps. Ethnologie et préhistoire 1920-1970.*
Gérard LUCOTTE, *Ève était noire.*
André LWOFF, *Jeux et combats.*
Paolo MAFFEI, *La Comète de Halley. Une révolution scientifique.*
Philippe MEYER, *L'Homme et le sel.*
Philippe MEYER, *La Révolution des médicaments. Mythes et réalités.*
Claude OLIEVENSTEIN, *Destin du toxicomane.*
Jean-Claude PECKER, *Sous l'étoile Soleil.*
Jean-Jacques PETTER, *Le Propre du singe.*
Bernard PULLMANN, *L'Atome dans l'histoire de la pensée humaine.*
David et Ann PREMACK, *L'Esprit de Sarah.*
Jacques RUFFIÉ, *Traité du vivant.*
Émilio SEGRÈ, *Les Physiciens classiques et leurs découvertes. De la chute des corps aux ondes hertziennes.*
Émilio SEGRÈ, *Les Physiciens modernes et leurs découvertes. Des rayons X aux quarks.*
Pierre THUILLIER, *D'Archimède à Einstein. Les faces cachées de l'invention scientifique.*
Pierre THUILLIER, *Les Passions du savoir. Essais sur les dimensions culturelles de la science.*
TRINH XUAN THUAN, *La Mélodie secrète.*
Jean-René VANNEY, *Le Mystère des abysses. Histoires et découvertes des profondeurs océaniques.*

www.ingramcontent.com/pod-product-compliance
Lightning Source LLC
LaVergne TN
LVHW010951061026
849535LV00006B/1668
9782213594934